贏得好人緣的精準回話術

好かれる人が絶対しないモノの言い方

6大說話技巧 × 40個溝通心法

不論「拒絕」或「接受」，
一開口就讓人頻頻點頭、
好感倍增

渡邊由佳——著　謝濱安——譯
Yuka Watanabe

目錄

第三章 化解衝突、不傷感情的責罵應對法

第四章 職場新鮮人必學！七大辦公室說話術

第五章 不想被排擠、討厭？千萬不要這麼說

第六章

掌握八大聊天原則，一開口就打動人心

前言

精準回話，誤解不再發生

語言，是不精確的。

請各位試著回想一下，與人交談的過程中是否曾出現過以下似曾相識的經驗呢？

「他說這些話是什麼意思？」

「他是不是聽不懂我想要說什麼？」

「為什麼我一開口，對方就突然沉默了？」

事實上，**藏在語言背後的情緒，只有說話的人最清楚**。即便十個人講的是同一句話，每個人說出口時的想法都不盡相同。因此，談話的過程很容易產生誤解。

前幾天，我和舞蹈教室的老師有過以下這段對話。

老師：「外面風很大嗎？」

我：「咦？我的頭髮很亂嗎？」

老師：「不不，沒有這回事。」

我：「？？」

那一天我完全不覺得風很大，因此老師一這麼問，不自覺就認為是因為自己的頭髮很亂，所以對方才會如此一問。當時我心想，怎麼會沒來由突然問起風有沒有很大呢？是因為我頭髮很亂吧？雖然後來老師說「沒有這回事」，我還是馬上認定「我的頭髮果然很奇怪」。

事後一問之下，才知道那天早上風勢確實很大，因此老師對下午到訪的我問起這件事。然而，我中午之前一直都在家裡，根本不知道外面的風是大是小；這種時候就會覺得，真是雞同鴨講啊！

由此可見，一句話想傳達的意思和情緒，除了說話者本身，他人大概很難完全正確理解。文字沒辦法百分之百表達情緒，說話者的本意和言外之音，常常會隱藏在脫口而出的話語裡。

這種不確定性，使得「話語」猶如水一般能載舟，亦能覆舟；可以改善關係，也可能導致關係惡化。

因此，說話的時候，我們必須想辦法把真正的想法以及情緒，精準地傳達給聽者。為此，本書將深入討論話語脫口而出前，**在腦中的「感覺（想法＋情緒）」**，**並介紹各種情境的「應對技巧」**。

舉例而言，被稱讚的時候，為了表示謙虛，我們經常會回答「沒有啦，這不算什麼」或者「沒有啦、沒有啦」。大家對這種回答方式有什麼看法呢？

事實上，被稱讚「你○○做得真棒」時，若做出如上述的「否認」回應反而隱含拒絕對方的意思。諸如此類，在本書中，我會列舉各種容易造成誤解的日常對話，並說明用什麼方式表達才會討人喜愛。

稍作調整，談話不再尷尬、卡卡

一個討人喜愛的人會顧慮旁人的心情，選擇適當的話語表達自己的想法。他們說話時會仔細斟酌，避免造成聽者的不愉快；也不會使用尖銳、針對性的用語，因為這些話很可能會傷害對方。除此之外，還要注意對方的身分是主管、長輩，或者下屬、晚輩。尊重不同立場的聽者，運用不同的方式表達，如此，不論走到哪裡，都能獲得別人的認可、人見人愛。

在本書中，我會列舉出討喜的人絕對不會用的「ＮＧ語句」，並告訴各位應該用什麼「ＯＫ語句」替換。範圍從職場到日常生活，包含各種情境，以上這些，都是我擔任電視台主播、溝通技巧課程講師，以及到各企業演說時觀察到的狀況，在此分享給各位讀者。

「那個人為什麼會用那種方式說話呢？」在不愉快的談話過程中，你心中是否經常出現以上疑問呢？為此，在本書中，為了深入理解話語生成的背景和心理運作，我不單只是說明詞彙的含意，而是想辦法剖析對方的本意，並提醒大家，普遍被使用的語句中，有哪些容易引起聽者的不愉快。

若你經常因無法適切表達自身的想法或情緒，而放棄談話，也能在書中找到許多建議，讓你發現「原來只要這樣說，就能讓人理解！」或者「原來只要加上一些說明，別人就能聽懂！」

期盼各位讀完這本書，都能順利改善職場和家庭中的溝通問題，使談話氛圍變得更加愉悅、順利！

渡邊由佳

第一章

聽懂言外之意，精準回話的六大準則

01 面對讚美，只會傻笑？

「今天的襯衫很好看耶！」、「你真不愧是行銷部門的！」

聽到這樣的稱讚時，為了表示謙虛，你會用「沒有啦、沒這回事」、「沒什麼大不了」或尷尬的傻笑來回應嗎？事實上，改用「謝謝」或其他能表達感謝之意的話，大方接受對方的讚美，會更好哦！

急忙否認，是拒絕對方的好意

「謙遜」這項特質已經深植於亞洲文化當中。無論被誰稱讚，心裡再怎麼高興，為了表示謙虛，我們經常會回答「沒什麼大不了」或「沒有啦」。

例如：在同學會上看到許久不見的朋友，對方直率地稱讚說：「哇！你都沒變耶！」你卻用「哎呀，沒這回事啦！」回應。事實上，否定對方，會產生一種「不領情」、「拒絕對方好意」的感覺。

「真的嗎?聽到你這麼說真是開心!」改用這樣的方式回答，不僅接受對方的讚美，還順勢表達出自己的感謝，兼顧彼此的情緒，如此，雙方都會開心。換言之，必須拿捏好謙虛的尺度，過猶不及是不好的。

此外，談話中如果以「沒這回事」否定對方的讚美，不僅讓對方的好意撲了空，對話也會因此無法延續。例如：

朋友：「今天這件襯衫，你穿起來真的很好看耶!」

你：「沒有啦!這個只是便宜貨。」

這樣回答的話，這段談話就會在此中斷了，無法繼續下去，造成尷尬的局面。相反的，如果回答：「謝謝，這是店員幫我選的。」會發生什麼事呢?對方可能會接著說：「真的嗎?是哪一家店?」、「店員是什麼樣的人啊?」、「我下次也想逛逛這家店。」「這家店的店員品味很好哦，我的裙子也是他一起推薦的。」如此一來，話題就能擴展開來，和對方一直聊下去。

換言之，接受對方的讚美之後，接著以「其實這個啊……」、「我也很喜歡呢」等，針對對方稱讚的部分做更具體的說明，話題就能輕鬆展開。

記得，**以讚美為契機，想辦法讓話題在一來一往間延續下去，漸漸地就能掌握聊天的技巧**。如果回答前能先考慮到對方可能會有的反應，就會給對方一種「跟這個人說話很自在」的好感。

適時補充關鍵句，好感度瞬間倍增

在職場上，被前輩稱讚「能達到○○業績真是厲害！」時，如果回答「沒有啦，沒這麼厲害」、「我還差得遠」，不僅否定對方的讚美，還可能造成其他同事的反感。過分謙虛是不必要的。下次被稱讚的時候，請試著改用「感激不盡，聽到您這麼說真的很高興，我會繼續努力。」回答，你在對方心中的好感度，一定會提升。

如果對方是客戶或主管，可以用更正式的語句回答，例如「您過獎了，真是不敢當！」。「真是不敢當」的力道比「真是不好意思」強，適合用在讚美明顯超過自身成就的時候。另外，「我的榮幸」或「託大家的福」也都能表現出對談話者更多的尊重。

此外，被客戶或主管稱讚時，除了表示感謝，還要觀察對方的話中是否另有含意；若有，適時補充一句關鍵句，會讓人留下「很有能力」的印象。

例如，主管稱讚「這次的企畫做得相當不錯」，其實有「之後也請繼續保持」的鼓勵含意在裡面。因此，回應這種讚美的最佳方式：首先，講一句感謝的話接受讚美，接著說「都是因為部長指導有方！」藉此向對方表達尊重之意。或是，對給予讚美的主管表示：「我能做到這樣，都是因為您指導得太棒了」，這也是很不錯的讚美回禮。最後再補上「從今以後也會繼續努力」，展示自我抱負。如此，對方知道「想法已經傳達」，也會非常高興。

接受讚美時，必須先想清楚：「今後的目標是什麼」或「需要加強的部分有哪些」。若能考慮到以上幾點，就能適當地回應對方的讚賞，甚至獲得工作夥伴的認同，讓讚美不會流於形式，而是達成另一種談話的目的。

被稱讚時不要過分謙虛

✖ **「這個啊，沒什麼大不了！」**

讓對方的真心讚美撲了空；過分謙虛是在否定對方的心意。

✔ **「感激不盡！承蒙您的指導，我繼續努力！」**

用一句感謝的話接受稱讚，接著展現自我抱負和決心，對方不僅會很高興，也會對你留下好印象。

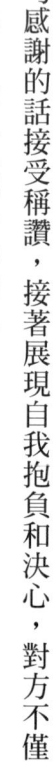

02

察覺話語中的「心意」並道謝

「有任何不懂的地方都可以問」，聽到前輩或主管這麼說，而你沒有特別的疑問，你會回答「好的，我沒有問題」嗎？這種回應很可能會讓對方解讀成「我已經完全懂了」、「沒什麼問題需要問你」，進而在對方心中留下「驕傲」、「自負」的形象。

即便沒有需求，也要說謝謝

如果對方為你著想而付出行動，就算沒有需要，也要禮貌地表示感謝。

例如，你缺席一場會議，同事幫你拿了會議資料，問你：「這裡有會議資料，需要嗎？」如果需要資料，回答「謝謝你，我很需要這份資料」，再自然也不過。然而，不需要的話，該怎麼回答呢？

當然，如果只考慮資料的「有無」或「需不需要」，類似「剛才部長已經拿給我了」等方式回答，無傷大雅；但如此一來，「對方為了你著想所做的行為」便沒有得到任何回應。**此處的重點，並不是「需不需要這份資料」，而是對方「為你著想的心意」**。因此，無論如何，都應以「讓你操心了，真的非常感謝」向對方表達謝意。

當前輩說「有任何不懂的地方都可以問」時，最適當的回答是：「謝謝，將來有任何不懂的地方再請教您了」。換言之，常把感謝說出口的人會比較討人喜愛。

用英文來思考，一句「No, thank you」或許就能同時解決「不需要」和「感謝」之意。但在中文或日文中，感謝的部分都必須以附加的句子表達。

為此，遇到他人為你著想而做出提議，或者付出行動時，除了「需要與不需要」的回應之外，最重要的是回應那份心意的感謝。

收到禮物時，要表現出高興的樣子

無論生日或其他紀念日，收到禮物後不能只說一句「謝謝」，要同時表現出開心的模樣。對方挑選禮物時，腦中一定會想像收禮者的開心模樣，期待著收禮者打開禮物的那一瞬間反應。

一份禮物內含「時間」、「金錢」和「心意」：對方花費心思精心挑選、包裝禮物，然後帶到見面地點……，一份禮物是經過很長的準備過程，才交到收禮者手中的。因此，「用開心」的樣子做出回應，是最基本的禮貌。

為此，收到禮物時，立即打開是一項重要的鐵則。例如：收到同事為了恭賀你升遷準備的禮物時，你道了聲「謝謝」就把禮物放到一旁，然後說「晚點再打開沒關係吧？」或者，你馬上打開包裝，露出「啊！」的開心模樣，然後說「感謝，真是太棒了」。各位覺得，這兩種反應，那一個比較好呢？

事實上，這兩種反應有很大的差別。或許有些人不擅長這樣的情緒表現，但無論如何，至少要用適當的表情或話語，表達收到禮物的心情。光是一個收送禮物的反應，就可能大幅改變你和對方之間的距離，在職場上從此變得更加順遂也說不定。

順帶一提，從我和家人以及周遭之人交流的經驗看來，男生收到禮物時比較容易會出現平淡的反應。為此，希望男生收到禮物時，務必多感受送禮者的心意；除了說聲謝謝之外，也要表現出開心的模樣。

在「謝謝」之後，補充一句回饋

除了表現開心情緒之外，收到禮物時，也別只說「謝謝」。多補充一句，例如「這個你一定找了很久吧？」、「你怎麼知道我喜歡這個！」等，如此，會比單純的情緒反應，更能傳達出喜悅之感。

如果收到的是服飾或日用品，也可以對產品的細節補充回饋，例如「我想要的就是這個顏色」，或者「這款設計很有品味」。

或者，說出如何使用禮物的想法，也會讓送禮者很開心，例如：收到衣服時說：「我要穿這個去打高爾夫球！」；收到食物時說：「晚上小酌就要拿出來享用！」等。

如果你知道這份禮物是不容易得到的東西，也可以說「這家不是排隊名店嗎？」、「這個很難買到吧，謝謝！」**針對禮物的稀有性，補充一句適當的回饋，會比單純的謝謝，讓送禮者更加印象深刻**。

另外，收到慶祝結婚或生孩子的賀禮時，需注意必須按禮節道謝。不僅是收受禮物的當下，再度碰面時，或者實際使用禮物時，都要再次表達謝意。如果禮物來自一對夫妻或職場同事，無論有多少人，都要一個一個去回禮；這是基本的禮儀。在亞洲，婚喪喜慶的場合非常注重禮儀，沒做好的話會被當作「沒有禮貌的人」，甚至可能破壞彼此之間的感情。

總而言之，禮多人不怪。接收對方好意的同時，也要很有禮貌地回禮表示謝意。

對「看不見的心意」表達感謝

「謝謝，我不需要。」（同事詢問需不需要會議資料的時候）

「需不需要」不是重點，重要的是對方為你著想，想到「或許你會需要會議資料」的心意。務必向對方的用心表示感謝。

「謝謝，讓你操心了。」

儘管幫助本身對你來說不是很重要，也非必要，但仍應該向對方的心意表示感謝。平時能留意到這一點的人，在職場上的溝通多半都會相當順利。

03

回答「我不清楚」是大忌

「我不清楚」、「我不知道」意思等同於「我不想做」或「我沒興趣做」。無論對方問的是什麼問題，這句話都代表「NO」，讓人有被拒絕的感受。

因此，回答自己不清楚的事情時，應該說「我不太懂，可以麻煩您教我怎麼做嗎？」、「目前還不太清楚，我馬上去問問狀況。」在「不清楚」、「不知道」後面加上補充說明，非常重要。

「可以麻煩您教我嗎？」給人努力好學的好印象

主管交付工作卻不清楚該怎麼做時，如果回答「我不知道要怎麼做」，對方可能會誤解成你「不想做」這件事。

如果能彬彬有禮地回答：「非常抱歉，〇〇部分我還不太了解，可以麻煩您指導一下嗎？」就能避免對方誤解你沒有意願工作的狀況。

也就是說，先具體讓對方明白「哪些部分沒問題，哪些部分不懂」，再表達「麻煩請您指導」，就能展現出「只要解決不清楚的部分，就會馬上處理好」的決心。此外，以「非常抱歉」做開頭，則能為後續的說明增強效果。

除了職場上，當朋友詢問「我想去健身房，有沒有推薦的地方？」時，回答「我不上健身房，不清楚」等於是說「我跟你不一樣，我對健身沒有興趣」。這樣的回答很尖銳，可能會讓對方覺得你的意思是「我們又沒有很熟，我不想提供幫助」。

為此，請換句說法「我不太清楚，不過我可以幫你問問比較了解這方面的朋友。」類似這樣有建設性的回覆，能讓對方感覺到你認真想幫忙解決問題的態度，提升好感度。

不要只傳達「ＮＯ」，在「不清楚」和「不知道」後面提供「可能的辦法」和「建議」是這種情境下的說話重點。

回答「沒人教我」是在指責對方

許多剛入社會的菜鳥，在遇到不懂的事情時，常會脫口而出：「沒有人教過我」、「我沒聽過這件事」。這種說法不僅會讓人覺得你不想做事，甚至帶有指責前輩或主管的含意。

會說出這樣的話，表示你認為工作上的每件事都要有人一五一十說明清楚才行；這是剛離開教育體系的社會新鮮人常有的壞習慣。在學校時，只要在意老師提過的部分，其他老師沒教的，不知道也沒關係，因此漸漸養成「除了人家交付的東西，其他都是多餘的」的思考方式。

近來，不論什麼事都有使用手冊，為此，也越來越多人認為，只要跟著手冊一步步照做就能獲得滿分。然而職場上，或許一到五有人會教你該怎麼做，但從五要達到十，絕對要靠自己摸索。如果想成為人人爭相爭取的人才，發言或回答問題前，必須先知道自己說的話，會使對方產生何種感受。

回答問題時，別以「NO」作結

「我不清楚。」、「沒有人教過我。」

對於主管交付的事情，回答「我不清楚」，會給人家你「不想做」的感覺，而「沒有人教過我」這種說法則是將責任轉嫁給對方。

「非常抱歉，〇〇部分我不太清楚，可以麻煩您教我嗎？」

「不懂」是自己的問題，先針對這件事道歉，接著讓對方具體知道哪些部分你不明白，並展現出完成工作的意願。如此一來，主管也會很樂於提供指導。

04「哪裡需要修正？」帶有頂嘴之意

你是否有過以下經驗？呈交給主管的文件被退回，並要求改進。為了瞭解對方的想法，你開口問：「哪邊需要修正嗎？」卻發現對方的臉色沉了下來。為什麼呢？因為這樣的問法，對方很可能認為你是在頂嘴。

以「可以請教您的意見嗎？」替代

曾經有一次，主管退回我的企畫書時，只說了一句「這個不行」。這是很模糊的說法，究竟是整個都不行，還是只有一部分不行？當時，我自己解讀成企畫「不採用」，心情很沮喪。幾天後，主管又問「那份企畫書改好了嗎？」我嚇了一跳，回答：「咦？不是不採用了嗎？」

為此，當你的主管屬於說話隨興而至的類型時，類似事件就很容易發生。

因此，在自己認定為「不被採用」之前，就算難以開口，還是要再努力一下，向主管確認狀況。不過確認時，要注意說話方式。

如果說出「哪邊需要修正嗎？」這句話，對方可能會理解成「對我來說報告很完美，哪裡需要改進？」、「要改？你沒有搞錯吧？」聽起來不僅是頂嘴，甚至有批判對方的意思。

當然，語氣也會產生不同的影響。以粗魯的態度說出「哪邊需要改正嗎？」和謙虛地說「要怎麼修改比較好呢？」對聽者來說感受非常不同。因此，**為了避免語氣上的誤會，在用字遣詞上精準些，比較安全妥當**。

例如，你可以這樣確認：

你：「為了做出適當的修正，請○○課長不吝提供寶貴意見。」

主管：「這個部分，成本和到期日不太理想……」

類似這樣，用積極的方式回話與提問，主管就會提供具體的建議，也可以避免不必要的誤會產生。

說「可是」等於撇清責任

有些人一聽到主管說「某某客戶對〇〇不滿意，很生氣」，馬上會用「可是……」來辯解。事情當然必須說明清楚，但既然主管已經傳達了客戶正在生氣的訊息，此時務必先回答「真的非常抱歉」；先向主管表達歉意，再說明事件始末，比較恰當。

又或者，主管對你表示「上台報告時，要再有精神一點」。若用「可是這是個性問題」的方式回答，會被當作是不願聽取建議的下屬。

當對方為自己著想、提供建議時，如果能爽朗回答「您說得沒錯！我會向〇〇同事學習」、「我會回去多做發聲練習！」對方就會覺得你是個受教、願意學習的下屬。

總的來說，遇到他人給予建議或提點時，很容易會因想為自己辯解而回答「可是這……」。這句話不僅像在頂嘴，也可能會被當成自我中心，無法聽取他人建議的自負之人。

不會被當成「頂嘴」的回話方式

「哪邊需要改正嗎？」（提交的企畫案被要求修改時）

對方聽了會覺得你自認「我的企畫案應該很完美才對」，是在頂嘴，可能會生氣地回答：「這種事自己看著辦！」

「爲了做出最好的修正，請課長不吝提供寶貴意見。」

這樣的回答能確實傳達修改企畫案的意願，減少誤解發生的可能性。若以大方開朗的聲調表達，更能顯示積極的態度，在對方心中留下好印象。

05 拒絕時避免使用「否定」字眼

「談生意不以NO收場」是商場上不變的法則。因此，不得不拒絕客戶的邀約或需求，卻仍想與對方保有合作的可能性時，用詞就要特別注意，避免讓對方不開心。

以「道歉＋原因＋替代方案」的組合拒絕

在商場上，無論接受工作委託或聽取企畫簡報，常需要決定是否要接受對方的提案，為此，開口拒絕時要特別小心。「這次真的很遺憾，希望下次還有合作機會」是多數人的回應方式。然而，我認為只用一句話的拒絕，是不恰當的。因此，為避免拒絕時失禮的話脫口而出，請按照以下三步驟進行：

❶表達歉意→❷告知原因→❸提出替代方案。

不得不拒絕對方的提案時，一定要先說「真的非常抱歉」，表達歉意。

接著，告知對方不得不拒絕的原因。然而，有時直接講出理由可能會造成尷尬。舉例來說，與客戶安排會議時程時，剛好與另一家客戶撞期，如果直接回答「真的非常抱歉，這個時段我們已經先和A公司約好了」。「A公司和我們，哪一邊比較重要！」對方可能會產生這種想法，另外，如果是以「公司內部有會議」為由，也會讓人覺得不受重視。

簡而言之，重點就是不要讓客戶產生「被放在天枰上做比較」的感覺。一旦出現猶豫，不知道該不該直接說出拒絕的具體原因時，我會選擇不要說，用比較籠統的回答告知對方，例如：「當天有無法更動的行程」、「有推不掉的事情要處理」。我建議這種時候，還是不要把具體原因說出來比較恰當。

最後，提出替代方案，例如「〇〇之後就沒有問題了」，再以「您意下如何？」確認對方的意願，這樣的拒絕方式就相對得體些了。

除此之外，拒絕親近的朋友或家人時，也要避免使用無理或傷人的話。「要不要去劇場看戲？」面對朋友邀約，此時若回答「那一天已經有約了，沒辦法」是不留餘地又冷淡的回答。「抱歉！真是不巧，那一天剛好有別的事，下次再一起去！」改用這樣回答就比較不會傷到對方。

又或者，辦公室的同事說「今天中午要不要一起吃午餐？」時，回答「今天要忙，沒辦法！」對方可能會以為你的意思是「我這麼忙，你倒是很閒嘛」，以為你在不開心。

用「能力不足」當理由

為此，這時可以說「抱歉，有急事還沒處理完！下次再一起吧！」這種說法代表「真是抱歉，是我的能力不足，還沒辦法把事情完成」，如此，便不會產生不愉快的誤解。也就是說，**將錯扛到自己身上，讓對方得到尊重，這是一種較為高明的拒絕技巧**。而拒絕之後，再提出下回的邀約，則能傳達出「拒絕並不是因為不喜歡一起吃飯」的意思。

另外在商場上，有時會出現無法向對方保證，或者考量公司利益之下，不得不拒絕客戶的情形。這時一定要把錯扛在身上，在拒絕的同時讓對方感覺有被尊重。「這件事我沒辦法跟您保證」這種直截了當的說法，或許會讓人覺得你的意思是「這項工作我不想做」，難免有點失禮。發生類似情境時，建議各位可以這麼說：

「是我能力不足，實在沒辦法跟您保證。」

「現在做保證的話，難保之後反而造成困擾。」

用類似的方式表達，最後再以「無法滿足您的需求，真是萬分抱歉！」作結。不過「能力不足」和「難保之後反而造成困擾」是為了尋求對方理解的說法，只適用於公司外部的人，請避免在公司內部使用，這樣反而會顯得你很沒有幹勁。另外，主管交付任務時，也請不要把「我的能力不足！」拿出來誤用了。

「拒絕技巧」對人際關係的影響很大，能否用適當的方式拒絕對方，是一個人是否能贏得好人緣的重要關鍵。

拒絕的同時提出邀約，最高明

「今天在忙，沒辦法！」（有人邀請共進午餐時）

聽到這樣的回答，對方可能會認為自己因為有空閒而被你討厭了。另外，就算是親近的人，拒絕的時候也要好好表達歉意，把原因和替代方案說出來。

「抱歉！工作實在做不完，下週再一起吃吧？」

確實表達歉意，把拒絕歸為自己的錯，接著再表示下次一起行動的意願。如此一來，對方既不會不愉快，之後也能輕鬆邀約成功，維繫友誼。

06 不做無謂的反駁

「認同」能讓一段談話進行得更流暢。然而生活中，喜好無緣無故反駁對方的人卻意外地多，而這正是讓談話窒礙難行的主要原因。我認為若只是閒聊、不會涉及危害自身利益的情況下，隨意反駁對方的不同觀點，就是「無謂的反駁」。

反駁會讓對方覺得被全盤否定

「今天好熱啊！」有人這麼說，而你回答「真的嗎？這種程度不算什麼吧！」或許，對方只是想輕鬆聊天，但你的回應不僅讓對話無法往前推進，氣氛也變得十分尷尬。

在西方，因為文化差異，用「真的嗎？這種程度不算什麼吧！」回應「

今天好熱啊！」或許對方會繼續答覆：「哇，你很耐熱哦？」也說不定。然而在亞洲，一般的聊天情境在某一方反駁之後，對方便會認為自己被否定，因而可能產生「覺得熱是我自己有問題」的想法。

特別是雙方年紀有一定差距時，反駁的話聽起來或許還隱含著「我比你年輕」的優越感。

以新資訊取代反駁，使話題源源不絕

當然，不是說一定得無止盡認同對方；但在閒聊的場合，不做沒必要的反駁還是比較恰當。

例如：對方表示「今天好熱啊！」時，不直接反駁，提出具體的新話題讓兩者產生連結。例如：「晚上喝點啤酒一定很開心！」、「為了響應節能政策，我今天不打領帶哦！」

或者，對方提到「車站前面新開了一家義式餐廳，聽說很好吃！」你已經去過這家店，但不覺得餐點特別美味。此時如果直接回答：

「我前幾天剛去過，覺得還好。」

「哦，是哦。」

如此，對話就到此為止了。這家餐廳還好對你來說是事實沒錯，或許把心得告知對方也很重要，但這種純粹表示價值觀的說法，瞬間就會把話題給斬斷了。因此，請改用這樣說：

「我覺得義大利麵的麵條有點太軟了，不過提拉米蘇還不錯。」提供具體的新資訊是不是就能讓對話順利進行下去了呢？

人家常說「談話就像傳接球」。**這句話是什麼意思呢？就是要根據不同的對象，丟出對方容易接住的回應**。不恰當的回答，就像一顆不受控制的壞球，如此，先前建立的連結就前功盡棄了。

也就是說，選擇適當的用詞讓對方可以輕鬆接話、回答，是非常重要的說話技巧。

反駁會使談話窒礙難行

✖ **「這種程度不算什麼吧！」**（對方表示「今天好熱」時）

這種反駁的回答方式是在否定「覺得很熱」的對方，會讓彼此無法產生連結，進而使對話難以持續進行。

✔ **「晚上喝點啤酒一定很開心！」**

對方感受到話題被接受，或許會提出「今晚一起去吃車站前那家串燒店如何？」等類似邀約，如此，談話就能自然地延續下去。

Column 1

精進說話技巧，有助升遷

我在溝通技巧的課堂上，曾經幫助一位學生精進說話技巧，進而使她獲得升遷機會。她是一位化妝品櫃姐，某一季業績大幅成長，成為全公司的第一名。因此，總公司要她在全公司的櫃姐面前發表簡短的分享演說。於是，她在某次課程結束後問我，「該怎麼做才能抓住聽眾的心？」因為她很擔心自己的演說不精彩。

我當然很樂意幫助她，我們一起絞盡腦汁想辦法。她跟我說，跑業務時她時時刻刻都不鬆懈，直到業績結算的前一分鐘都還在客戶之間來回奔走，「最重要的就是最後衝刺。」因此，我提議用「賽馬」做為演說的比喻，「跑業務就像賽馬，轉出彎道後，在最後直線卯足全力衝刺」。

後來她的演說讓其他單位的長官眼睛一亮，長官讚不絕口：「她講的話力道很足，太棒了！」提拔她擔任公司內部培訓課程的負責人，且至今她的業績仍然保持分區的第一名。當時，來參加課程的她抱著「想把話說得聰明到位」的心態，非常努力地學習。最後，果然因為精進說話技巧，在職場獲得很高的評價。精進說話技巧，對於升遷絕對有直接的幫助。之後，她還很開心地跑來跟我報告：「老師，真的太有用了！我的下一個目標是擔任店長！」

第二章

不再引起誤解！換句話說的八個技巧

07 不使用模稜兩可的詞語

你是否曾經因別人不加思考就脫口而出的話，有過「他到底是什麼意思」的想法呢？例如「大姐頭」、「不讓鬚眉」、「帥氣」等；很多人會用以上這些詞來形容女性的個性或外表。

然而，這些曖昧詞彙的背後，究竟是正面還是負面的意思？事實上，此類用語很容易讓聽者產生誤解，務必小心使用。

說單純，是褒還是貶？

「嗯，渡邊小姐……算是神經質的人嗎？」曾經有人這麼說。雖然帶著不確定的語氣，但對方其實想表達的是：不認為渡邊小姐是神經質的人。不過「神經質」這個詞卻深深烙印在我腦中，「神經質」的負面意思不斷膨脹，讓我不斷地想「一定是覺得我過於神經質，才會這麼說的吧？」

另外「大姐頭」，或許在某些人耳中是「像姊姊一樣熱心關懷他人」，帶有稱讚的意思，卻也會有人理解成負面意思，產生類似「咦，我很自以為是嗎？我太多管閒事了嗎？」等想法。也就是說，同樣的詞彙或許會讓一些人覺得不開心，但也會出現相反的狀況，例如「像大姐頭一樣做事面面俱到，真是團隊中不可或缺的存在」。因此，為避免產生誤會，說出這類詞語後要多補充一句說明，才比較不容易產生誤解。

再舉一個例子說明。「你真是天真呢！」這裡的「天真」，究竟是「易感、難相處」，還是「心地善良、是很棒的特質」？由此可見，用適當的詞彙補充說明，讓對方正確理解你心中真正的想法，是一件非常重要的事。以下，就是另一個容易造成誤解、曖昧不明的形容語彙。

對方：「渡邊小姐家裡有姊姊和妹妹對吧？」

我：「是的。」

對方：「果然啊！」

讓人不禁懷疑所謂的「果然啊！」到底有什麼意思。特別是從男性口中聽到時，更會讓人覺得其中有深一層的意思：「是不是覺得我就是不懂男人心的那種人？」類似這樣的負面理解。若改成：「有兄弟姊妹嗎？」「有的，我有姊姊。」這種提問方式對方就不會產生誤會。但如果是「你應該有姊姊吧？」這個問句中，似乎暗藏了特定的刻板印象，聽者就可能會在意。

儘管心中是想稱讚對方，卻被誤解了，使得彼此之間產生分歧。這時，把「心中真正的想法」正確傳達給對方，是說話方的責任。

清楚說明原因，避免誤解

若沒有把真正的想法講明，即便是關係很親近的人，也會出現誤解。

例如，丈夫說：「抱歉，讓我獨處一下好不好？」妻子會怎麼想呢？或許有人會覺得「大概就是一個人想點事情吧」，但有些人很可能會產生被否定的感覺，接著就發生爭執。「好啊，從此之後都去獨處不就最好！」「我只是想稍微靜一靜，不要胡思亂想好不好！」或許最後會演變成激烈爭吵。

在這種狀況中，要把「抱歉，讓我獨處一下好不好？」這句話前面省略的部分講清楚，例如「我現在需要靜一靜，集中精神把事情想清楚，很抱歉，可否給我三十分鐘單獨在房間思考一下？」也就是說，把狀況仔細交代清楚，對方就不會產生被否定的感覺。

日語中的許多詞彙含有雙重，甚至三重含意，解讀方式更是不一而足。一個詞彙的背後，常隱含著表面看不到的意思。**在對話中，如果對方必須推敲背後含意，就很容易產生誤解。**（編按：中文裡，也有許多具有雙重意思的詞語，務必謹慎使用。）

不過，每個人理解一句話的程度和方式各有不同，有些人非常敏感，也有些人完全不在意。此外，男性和女性的理解會有所不同，而個性當然會造成解讀上更大的差異。

總之，不恰當的表達方式，可能會讓聽者產生說話者意料之外的解讀。其中，不完整的發言非常容易產生誤解，為此，必須時刻意識到這一點。

稱讚他人時，請完整表達心意

「你眞是天眞呢！」

雖然是想稱讚對方，卻因為沒有表達清楚，容易造成負面的解讀。對方若對這個詞彙抱有負面印象，可能會理解成「是在說我很容易受傷嗎？」的意思。

「我認爲你的天眞善良，是很棒的特質。」

「我認為……很棒」像這樣把話說清楚，對方就能完整接收到你的讚美。

08

說「總之」會使聽者感到不安

你是否會不經意說出「總之」呢？

「總之在車站那裡會合」、「總之先把週末空下來」。這個「總之」會帶給對方隨便的感覺，進而降低行動的意願，產生不確定的不安感。

別說「總之」，把事情交代清楚

其實「總之」，帶有「把其他事先放一旁」、「第一順位」等，代表最優先處理的意思，但使用時常常帶來不一樣的感受。

舉例來說，在職場上聽到「總之先處理好這份資料」，你會有什麼想法？很多人會產生「沒有認真做好也沒關係嗎？」的不確定感。把文件呈交給主管時，如果對方回答「好，總之先這樣就好。」則會讓人有種被敷衍了事的感覺。「總之」無法傳達完整語意，會讓對方產生「隨意敷衍」、「將就將就」的感受。

因為沒有把事情說明清楚，「總之」會讓人摸不著頭緒，似乎含有許多「看不見的語意」在裡頭。例如，「總之能否先設計幾種樣本出來看看？」說這句話的人，腦中可能想著「就要跟客戶口頭報告了，必須先拿出幾種設計樣本給對方參考。」也就是說，這件工作很重要。然而說話者沒有說明白，只用「總之」要求對方做事，如此曖昧不明的表達方式，可能會讓對方產生「這件事真的有必要嗎？」的質疑。

非得使用總之的時候，必須把「總之」背後的考量和想法，具體傳達給對方知道，這一點非常重要。

不要隱藏想法

我也曾有過將自己想法隱藏起來的類似經驗。有一次我問兒子「回家吃晚餐嗎？」其實沒說出口的是「我今天可能會比較晚回家，沒時間做晚餐，可以的話，希望兒子到外面用餐就好。」

如果我把話說清楚，兒子可能就會回答「既然媽媽比較晚才能回家，我到外面吃吧！」然而，我卻隱藏了自己的狀況，只說「回家吃晚餐嗎？」

看似顧慮對方，其實是沒把自己的想法說明清楚，進而造成對方誤解；大家是否也有過類似的經驗呢？

用曖昧不明的說話方式把本意包覆起來，對方便無法理解你的真正想法，而使用類似「總之」的詞語，就等於隱藏了真實的狀況和想法。為了不讓對方產生誤解，還是把事情詳細說明請楚，比較好哦！

把「總之」背後的內容解釋清楚

✗

「總之，能否先設計幾種樣本出來看看？」

「做了該不會也只是白費工夫吧？」對方會產生不確定感；因此，請把為什麼要設計好幾種樣本的理由，明確告知對方。

✓

「報告時需要幾種樣本讓客戶參考，能否先設計出來呢？」

這種直率的表達方式就不會產生誤解。習慣把「總之」掛在嘴邊的人，請學著把背後的具體原因好好告知對方吧！

09 用「謝謝」取代「不好意思」

我聽說，外國人到日本記住的第一句話是「不好意思」。

在日文中「不好意思」同時具有「謝謝」和「對不起」的意思，是一個萬用詞彙。不過，如果無論什麼場合都說「不好意思」，可能會讓別人對你留下「不可靠」或「好好先生」的印象。（編按：中文的「不好意思」有抱歉和表示禮貌詢問的發語詞之兩種用法，亦是容易造成誤解的詞語。）

「不好意思」是你的口頭禪嗎？

有時，我們到一家店，會說「不好意思，請問這裡有人嗎？」這個情況中的「不好意思」跟字面上含意沒什麼關係，只是做為發語詞使用。因為非常好用，很容易就變成口頭禪。

許多人在跟別人說話時，即便是不需要道歉的場合，也會說出「不好意思」。有時候，說話者其實知道當下的狀況不適用「不好意思」，卻已經不自覺脫口而出。

例如，在辦公室煮咖啡時，如果突然有人跑來說「抱歉，我有點急，這杯能不能先給我呢？」你會不自覺回答「啊，不好意思！」嗎？這裡的「不好意思」，大概是在表示「占用了咖啡機，是我的錯」。可是，其實自己沒有做錯什麼事，對方也沒預料到你會道歉。

「為什麼要道歉？」對方感到不可思議的同時，可能還會認為你這個人，不管遇到多不合理的要求都能接受也說不定。

「謝謝」後稱讚對方，更加分

常說「不好意思」和「對不起」的人，通常比較溫柔、替人著想、善解人意。然而，不要一味只會說「不好意思」，如果想表達的事情非常明確，就該選擇適當用語，好好傳達給對方明白。尤其是想表達謝意的時候，把「謝謝」說出口，別人對你的好感度可能就會提高。

例如搭電梯時，對站在門邊，幫大家按「開」的那個人，要說謝謝，不用說「真是不好意思」。而當同事跟你說「會議的出缺席紀錄已經整理好了」，為了感謝對方，確實說出「非常感謝」，把感謝的意圖表現出來。如果後面再加一句稱讚的話，對方對你的印象會更好，例如：「謝謝，效率真好，真是幫了大忙！」

工作之外的事情也一樣。收到親戚送來的蔬菜時，與其說「讓你特地跑一趟，真是不好意思」，倒不如說「太感謝了！我們全家人都很喜歡你的新鮮蔬菜，今晚就要立刻享用！」改用這樣回答，不是更讓人開心嗎？

比較傳統的男性，或許會認為「許多事不說也會明白」，因此**把謝意藏在心底沒有表達出來；但這套理論在現代已經行不通了**。

「大聲的說出感謝」，把自己的感謝之情向周遭的人清楚表達，不僅能增進彼此間的信任，更能使關係更融洽。

不要過度使用「不好意思」

✖ **「不好意思。」**

不論發生什麼事都說「不好意思」的人，會讓人產生「不可靠」的負面印象。對方為你做事，該表達感謝的時候，就把「謝謝」大聲說出口吧！

✔ **「非常感謝！」**

完整傳達了感謝之意。如果能再加一句讚美的話，例如：「你總是很有效率，幫了大忙。」對方就會更加開心。

10 用第三者的角度讚美，更高明

「許多晚進的同事，都對你的工作績效非常讚嘆呢！」

「課長說，把工作交給你很讓人放心哦！」

像這樣透過第三者的傳達，被稱讚的對方會加倍開心。

借他人之口稱讚，更容易被接受

同期進公司的同事，或者年紀相近、性別相同的人之間，多少都會有互相競爭的狀況。如果你對一個容易產生競爭關係的人說：「你最近的業績狀況很不錯耶，真是令人羨慕。」本意雖是稱讚，卻可能被理解成其他意思。

「羨慕」是一種情緒性的表達方式，就算說話者無意，對聽者來說，卻很可能含有「諷刺」或「嫉妒」的成分在裡頭。尤其，當對方跟你之間有點競爭關係的時候，必須更加小心使用。

那麼，該怎麼說才能把好意傳達出去呢？

「○○先生說……」像這樣，借他人之口表達稱讚，巧妙將自己的心意放在裡面，對方比較不會產生多餘的胡思亂想，就能百分之百接受你的讚美。

主管直接對下屬說「最近很努力哦！」下屬當然會開心，但如果說「客戶○○對我稱讚你『做得很好』哦！」像這樣，用第三者的話來讚美，對方同時得到主管和客戶的稱讚，開心的感覺也會加倍。

換言之，給予正面評價時，用第三者的角度來表達更容易鼓舞人心。

看見晚輩的好，請不吝於讚美

在為了培訓員工而舉辦的企業參訪過程中，我發現近期的新進同事都很習慣被別人稱讚。與此相對，一旦用比較強硬的語氣給予否定，他們就很不能適應，似乎沒了讚美就提不起勁。

以前，比較流行同事下班後一起喝酒談心的年代，喝酒時能把心裡話說出來。聽到平常總是對自己很兇的主管說「我會這麼嚴厲，是因為對你有所期待」，內心會得到很大的鼓勵。

不過，現今這種機會變得很少，因此年輕的同事會把主管在工作場合說的話當真，被罵之後就產生「我大概不行吧」的失落和沮喪，因而辭職的也不在少數。

因此，建議在職場上若是需要帶領後輩或下屬的人，看到他們表現得不錯時，請不吝於給予讚美鼓勵。如果再用客戶或其他人的角度表達，對方就更能完整接收到這份讚賞，提升工作幹勁。

借他人之口讚美，效果更好

「你最近狀況很不錯耶！真是羨慕。」

「羨慕」是你的情緒，「狀況不錯」是你的主觀意見。這樣的稱讚，即便說話者無心，聽話者卻可能曲解成「是在諷刺我嗎？」的意思。

「〇〇先生稱讚你『最近做的很好』哦！」

要對他人做出評價，表達自己的立場時，借用第三者的話來稱讚，對方比較能坦率接受，不容易產生「是在嫉妒嗎？」這種多餘的胡思亂想。

11 慎選讚美用詞，以免弄巧成拙

完整地把內心的想法說出來，真誠地稱讚對方，是建立良好人際關係的一大重點。話說出口之前，務必要先考慮對方會如何解讀這個資訊、用什麼方式表達對方才會開心呢？換言之，不能只用自己的價值觀去判斷，而是要挑選和對方相襯的詞彙稱讚。

稱讚的話說一半，會令人摸不著頭緒

我曾經和溝通技巧課程的學生討論過一件事：當有人對你說「你剪頭髮了嗎？」時，要怎麼判斷這句話是不是讚美？換言之，只說一半的稱讚，會讓對方感到困惑。如果你想表達這個髮型很適合對方，請直接說：「剪頭髮了嗎？很適合你耶！」

此外，稱讚他人的時候，建議也要依不同的對象改變說詞。

例如，要稱讚男生衣服穿得好看時，與其說「這件襯衫很好看！」不如說「你穿這件襯衫很帥耶！」、「這件襯衫很適合你呢！」把對方納入讚美句子中，多半都會讓人更加開心。

然而，如果這個人在服裝產業工作，非常時髦，總是精心打點穿著，對「選擇襯衫」很有想法的話，直接對襯衫這件物品表示稱讚，或許更能讓對方感到開心。

另外，「是不是變瘦了？」會讓一個「想要瘦身」的人開心，但或許也會有人把這句話理解成「看起來好像生病了」，或者「很瘦，卻感覺很貧弱」的意思。

無論如何，**稱讚他人時，並非純粹按照自己的價值觀說話，必須考慮對方的個性，選擇與對方相襯的詞彙來讚美，否則可能會造成反效果。**

職場上，不要用「外表」來稱讚女性

現在是講求男女平等的社會，為此，男性在職場上若要稱讚女性，建議最好還是避開有關「外表」的詞語。選擇讚美工作表現等相關的內容，對方會比較開心。

例如：「有效率、很能幹」、「有些地方我沒注意到，還好有你的幫忙」等，盡量用跟工作表現相關的內容來稱讚對方吧！

為什麼在職場上，稱讚女性的外表不好呢？雖然女性聽到別人稱讚漂亮或可愛，多半都會說「是嗎？謝謝」開心地收下讚美。但有可能周遭的人聽到後產生「只有她被稱讚」的想法，反而對那位女性的人際關係造成影響。為此，擔任管理職、下屬有女性的人要特別留意這一點。

另外，站在主管指導下屬或後輩的立場上，無論讚美或給予提點都要有所取捨。假如看到十個可以讚美或需要指點的地方，要依每個人的狀況和個性，選擇能讓對方成長的部分就好，並用適當的話語傳達給對方明白。

讚賞工作能力，而非外表

「你剪頭髮了嗎？」

如果本意是讚美，把後面那句「很適合你呢！」一起說出來吧！不過，在職場上，男性稱讚女性的外貌可能會被當作性騷擾，建議還是避免單純稱讚外貌比較好。

「你的謹慎態度，真是幫了大忙！」

比起外表，讚賞工作表現，會讓女性職員更加開心。若是有帶領下屬或後輩的人，要因人而異慎選能讓對方成長的方式讚美，才能適時提升工作士氣。

12 與其轉達批評，不如提出建議

從第三者口中聽到關於自己的負面評價，傷害會更加嚴重。例如，主管在你不在的場合說：「把工作交給他，他卻都沒有想出好點子。」從別人口中聽到這件事，是不是比直接從主管口中聽到更受傷呢？負面的評價很容易傷害他人，說出口時要特別注意。

不要直接轉達第三者的批評

用第三者的話來讚美別人，能讓快樂倍增，但批評則完全相反。來自第三者的負面評價，比直接從對方口中得知，更具有批判力，會令當事人更加難過和受傷。

在此，我要分享一件以前在朝日電視台擔任主播時發生的事。

有一次和同期進公司的同事一起去喝酒。「新聞部門有個前輩說：『渡邊由佳當主播感覺很做作』。」有人這麼說。雖然同事馬上補充：「我一點都不這麼覺得耶。」但我仍然因為這句話，大受打擊。雖然批評我的只有前輩一個人，但那種感覺卻像是整個新聞部門的人都這麼認為。因此，後來有段時間，我到新聞部門去的時候都會疑神疑鬼，「到底是哪個人說的？」陷入一段毫無自信，「懷疑自己是否真的適合當主播」的時期。由此可見，來自第三者的批評，確實會造成這麼巨大的傷害。

為什麼呢？為什麼從第三者口中聽來的負評，會讓人如此在意呢？

因為**我們會設想，假如說話者完全不認同，就不會把聽到的負評說出口了**。因此，即便後面補上一句「但我不這麼認爲」，也會讓人不禁懷疑「真的嗎？」卻又不能直接開口詢問。在這種不確定對方是否在講場面話的情形時，會產生一種被完全否定的感覺。

有時候，我們會聽到別人在批評我們身邊的人。或許，是出於好意想告訴對方，是哪些人在背後批評你；但這些原本就可能會造成對方傷害的批評，若是再從他人的口中說出，通常傷害會更大。因此，請避免直接對本人說出你從別的地方聽來的批評。

以「建議」的方式，委婉告知

如果你同意從第三者口中聽來的批評，然後直接跟對方說「〇〇是這麼說的，我也這麼認為。」這種說話方式毫無實質意義，只會讓對方更加受傷而已。

舉例來說，假如客戶老闆向你反應「你們公司那個〇〇，處理事情有點慢呢！」這時，直接向〇〇提出之後可以改善、提高效率的建議，是比較理想的溝通方式。例如：「客戶△△先生個性比較急，回覆郵件或電話的速度快一點會比較好哦！」尤其，若對方是比較敏感、容易想太多的個性時，更需要用這種「建議式」的說話技巧。

以「建議式」的方法，轉達批評

「客戶△△△先生說你做事很慢。」

轉達第三者口中說出的批評，會讓人覺得傳達者也同意這個想法，對被評價的人來說是雙重打擊，只會徒增對方傷害而已。取而代之，用「提供建議」的方式告知，比較妥當。

「考慮到△△△先生的個性，回覆郵件的速度快一點會比較好哦！」

從他人口中聽到批評，不直接轉述給當事人知道，先按實際狀況思考改善方法，並提供給對方，才是比較適宜的說話方式。

13 避免以高高在上的口氣說話

有些大家經常會說的話，若在不適當的時機使用，便可能會讓說話者顯得高高在上，造成聽者不被尊重的感覺，例如：「這樣就行了」、「～如何啊？」、「請好好加油」。使用以上這幾種用語前，**必須先考慮對方的個性適不適合，以及彼此關係的親密程度**，這一點非常重要。

用「麻煩你了」代替「這樣就好」

我在外語學校教課時，經常被學生問起「這樣就好」的用法。他們經常搞不清楚什麼時候用於肯定，什麼時候用於否定。

的確，兩種意思都有，不容易判斷。而對聽者來說，兩種情況造成聽者「被瞧不起」的感覺會有所差異，這一點要特別注意。

「這樣就好」並非一句沒禮貌的話，但用它來表示認同時，會顯得說話者高高在上。例如，有人問我「這樣的內容合適嗎？」的時候，我不會說「嗯，這樣就好」，會說「是的，麻煩你了」。我會留意到其中的差異。

相反的，購物時買了一件衣服，如果被問到「要連裙子一起帶嗎？」或者「要不要辦會員卡」，想拒絕時，很自然就會說「不用，這樣就好」。如果覺得這樣有點過於強勢，「下次有機會再麻煩您」是比較委婉的拒絕方式。（編按：在此的「這樣就好」，在原書日文是「結構です」。）

小心使用「~如何啊？」和「請好好加油」

另外「~如何啊？」是輩分相同和關係親近之人間的用法。

例如，下屬和主管一同喝完酒，再向主管提出邀約時：「部長，下次再一起去喝如何啊？」是不恰當的，這是朋友和同事之間的用法。對於長輩，「請務必再次賞光，一起喝酒」才是尊重對方的說法。

除此之外，身為下屬，也不適合說「請好好加油」或「我很期待哦」。

例如，主管將調職到北海道任職時，應該要說「預祝您到北海道步步高升」、「如果有我們能提供幫助的地方，請您隨時開口」、「請務必保持聯絡」。

另外，如果對公司外部的合作夥伴說「我對此很期待哦！」或許有人會很開心，興起「好，我要好好努力」的鬥志，但也一定有人會感受到壓力。如果彼此之間已經建立互信關係，這句話能提高工作動力，但如果只是初次合作，可能會讓人覺得「有點沉重啊……」。

總的來說，開口前務必先考慮到雙方之間的關係如何，再決定是否要把這些話說出口。

留意說話口氣與用詞，很重要

「這樣就好。」（表示認同時）

便利超商店員詢問「需不需要塑膠袋？」時，回答「不用，這樣就好。」很自然。但如果是「會議在那一天舉行可以嗎？」回答「這樣就好。」會讓人覺得被瞧不起。

「是的，麻煩你了。」

用「麻煩你了」或「給你添麻煩了」來代替「這樣就好」，比較不容易產生誤解。

14 道歉時別說「很抱歉沒有講清楚」

因說錯話傷害到聽者時，有些人會用「很抱歉沒有講清楚」表示歉意。可是，這句話可能會被對方理解成「不認為自己有錯，只是表達的問題」，造成二次傷害。

「很抱歉沒有講清楚」在對方聽起來，帶有「不是我的錯，只是表達方式沒有拿捏好而已」的意思。為此，當因為考慮不周而讓人受傷時，必須好好向對方表示「一切都是自己的錯」。

事實上，「很抱歉沒有講清楚」不是道歉。「很抱歉沒有講清楚」的正確使用時機，是在「該交代的事沒交代清楚」或「表達方式容易讓人產生誤解」的情形下。比如交代工作事項時，有一到十點必須講清楚，卻只說明了一到七點，遺漏了八到十。這時用「很抱歉沒有講清楚」的道歉，就是正確的。

我有一個學生在醫院的牙科部門擔任助手。有一次，他說「我認為這個應該要……」向主管表示意見時，主管的臉色不斷下沉。此時若能接一句「對不起，是我考慮得不夠周到，非常抱歉！」應該就能立即消解主管的怒氣。

當你說的話惹人不高興，懂得如何把意見收回來就很重要；這時不該說「很抱歉沒有講清楚」，而是說「講了沒頭沒腦的話真是對不起」比較妥當。

以第一人稱說「特地」，隱含抱怨意味

對方為了討論事情來到公司，為了表示禮貌，很可能會說「今天讓您特地跑一趟，非常感謝」。事實上，有些人對這句話會產生以下理解：「就算不來也沒關係」、「用電話討論的話其實也可以」。

「特地」這個詞本身沒有惡意，但如果主詞是第一人稱，「我都特意這樣做了，你……」聽起來就像是在抱怨對方，會讓人產生不好的觀感。表示禮貌卻被誤解，反而賠了夫人又折兵。為了防止類似的情形發生，最好避免使用這種說話方式。

一 選擇「帶有認錯含意」的說法道歉

「很抱歉沒有講清楚。」

這句話代表問題在於沒有講清楚，只是表達方式錯誤而已，完全不認為自己的行為或想法有錯；也就是沒有想要改正、道歉的意思，會造成聽者不好的觀感。

「對不起，是我考慮得不夠周到，非常抱歉。」

說話考慮不周使對方心情不愉快時，道歉的重點不在於「說明不清楚」，而要強調「考慮不周到是我方的錯」，抱持謙虛的心態認錯吧！

Column 2

自製「詞彙筆記」，提升表達能力

假如你熟悉各種不同的溝通技巧，遇到需要稱讚他人或道歉的場合時，就能找到最恰當的說話方式。為了提升這項能力，可以試著記錄一本屬於自己的「詞彙筆記」。經驗豐富的主管或前輩是最好的老師，仔細觀察他們面對客戶或顧客時，使用何種方式說話。「這種狀況原來要這樣表達？真是厲害！」務必把應對方式抄寫下來，之後遇到類似情境時，便可以派上用場。假如對方的反應不錯，就把它牢牢記住，納入自己腦中的說話資料庫。

此外，看書學習也是好方法；我尤其推薦以職場為背景的小說。閱讀時試著推敲書中角色在面臨與自己類似情境時的反應，或許能從作者精心設計的對白中，找到不錯的表達方式。當然，直接閱讀說話技巧的教學書（例如本書），也是很好的學習方式。平時多延伸自己的觸角，發現「完美的表達方式」就寫下來，並時常參考自己的詞彙筆記，不斷想像情境自問「在某情況下，最適合用哪一種說話方式呢？」是很有效的學習方法。想提升表達能力，做足以上這些工夫非常重要。

第三章

化解衝突、不傷感情的責罵應對法

15 不直接指責錯誤

被他人直接指責過錯時，無論是誰都會想以「就算真是如此……」反駁對方，正當化自己的行為。被指責時，很難坦率說出「你說的是，對不起」向對方道歉。因此指出錯誤的一方，最好能先退一步，站在對方的立場思考，再決定要使用何種說話方式表達。

生氣時，請先退一步換位思考

無論是誰，被其他人直接用「不行」、「太遲了」、「你做錯了」等否定意味強烈的話指責，即便知道問題確實出在自己，也很難坦率地接受。

比起反省過錯，這時心中更容易冒出類似「就算真是如此」等急欲為自己辯駁的情緒。如果又被逼急了，很可能會說出「就算真是如此，也是期限太趕的錯，太不合理了！」等惱羞成怒的話，使場面更加尷尬。

那如果發現客戶的報價單有錯，該怎麼指出這項錯誤呢？

「這個數字有問題吧？」這種說法可能會讓對方覺得你在指責他「犯錯」，有問題竟然沒發現。

「這個數字能否請你再確認一次？」這句話跟「這個數字有問題吧？」傳達了相同的意思，卻能避免犯錯的人感覺自己受到責備。

再舉另一個例子。如果交貨期限已經過了，仍然沒有收到貨品，或許會很想要直接指責對方：「期限早就過了……」但與其如此，倒不如稍微修飾一下，不僅能解決問題又不會造成尷尬場面。

「我知道你們很忙，但能不能讓我了解一下現在的出貨狀況？」

這種不直接點出「期限已過」的說法，或許能讓對方更感受到我方急切的需求，了解必須及時作出回應。

簡而言之，**想讓對方使盡全力幫忙做事時，重點是先退一步，換位思考**，才能找出合適的表達方式，成功解決問題。

告知他人「請勿〇〇〇」的技巧

以前，貼在廁所裡的告示寫著「請勿弄髒，保持清潔」最近換了另一種寫法，變成「感謝您共同維護環境清潔」。

這些告示內含「請勿弄髒」、「使用時請勿弄亂」的意思，但透過「希望對方保持整潔」以及「感謝對方沒有弄髒環境」的方式傳達，效果會比不分青紅皂白，直接要求不要弄髒環境更好。

也就是說，在欲表達的內容前先說「感謝您」或是用共同攜手的口氣，也是避免直接指責對方的一種說話技巧。

以請求代替指責，避免場面尷尬

✖

「這個數字錯了吧？」

儘管對方確實犯錯，但用「錯誤」一類的詞彙直接表達，會讓人有被責備的感覺。因此，稍微修飾一下會比較適當。

✔

「可以請你再確認一次這個數字嗎？」

發現問題，但不直接指責對方，退一步以「請再次確認好嗎？」的方式告知，是不是更能讓對方感受到你為他著想的好意呢？

16 別說「之前已經講過了吧？」

有些人在說明事情的過程中，喜歡加上一句「之前有說過」、「就像先前所說的」。這種追究過往的說法，會讓人產生被看輕、瞧不起的感受，為此，請盡量避免使用。

追究過往的說法，隱含責備之意

曾經有一次，我到銀行辦理信用卡業務，向負責的人員提出疑問：「我還有一些不明白的地方，請問這個部分是什麼意思？」此時，對方先說了一句「這部分剛才有說過」後，才開始針對提問處說明。在我聽來，這種表達方式就像在說我是個傻瓜：「不是才剛講過嗎，你是不是理解能力有問題？」

短短一句「已經說明過了」，可能會讓你失去客戶。

為此，遇到客戶針對已經解釋過的事情表示「我聽不懂」時，建議要把錯歸在自己身上，回答「沒有說明請楚，真的很抱歉」。例如，要向對方強調「入帳的確切時間」時，如果說「剛剛已經說過了，我希望……」聽起來是不是很像在指責對方「怎麼會忘記」的感覺呢？

「不斷重覆實在很抱歉，不過可以麻煩你在○月○日前幫我入帳嗎？」把「多次說明」的錯歸在自己身上，再以拜託的口吻要求對方；這種強調的說話方式比較不會造成反感。

屬於管理職的人，更要特別留意這種追究過往的說法。「這個問題之前就講過了吧」，這種說法不會讓人留意到「確切的問題在哪裡」，反而可能讓對方感覺自己是個「不懂改正」的人，在腦中留下深刻的負面印象，甚至造成彼此的關係惡化。

當然，不斷出現相同錯誤時，當面講清楚是必要的。這種時候，必須留意對方的個性，掌握談話時機，如此，絕對會比直接指責對方適當。

自我想法並非永遠正確

為什麼會說出「已經說明過了」的這種話呢？

我認為這句話隱含著說話者認定自己的想法絕對正確的意思。把重點放在「已經說明過」，不正顯示你無法客觀地考慮對方是否理解嗎？

我的姊姊是律師，她說在司法的世界裡，即使是真實的狀況，只要得不到法官的承認，就不是正確的事。因此，律師搜集證據、提出文件、上法庭答詢，用盡全力就是為了讓法官認同事情的正當性。

在法庭上，假如使用不適當的方式說話，造成法官的誤解。這種時候，不管你認為自己的想法多麼正確，都不能算是「最正確的事實」。

總的來說，不以自我的價值觀為中心，知道如何使用他人易懂的方式表達，才是最重要的說話技巧。

避免出現強調過去錯誤的說法

「之前已經提醒過了。」

後輩犯下相同的錯時，強調過去曾提醒過並不能解決眼前的問題。說出這句話的你，是不是只想表達「自己是對的」呢？

「能〇〇〇這樣改善的話比較好哦！」

忍住想說「之前已經說過了」的情緒，並為了後輩的成長，考慮換一下說法吧！如果是對客戶反覆說明一件事時，把問題歸在自己身上，向對方表示「沒有解釋清楚非常抱歉」也比較好。

17 用「我也有錯」回應他人的無心之過

因為對方失誤而引起問題時，回應的方式會透露出一個人的品格。

工作發生問題、對方向你道歉時，該怎麼回應呢？一般而言，接受對方呈報錯誤時，會出現以下兩種反應。

第一種類型的人，會先了解問題的核心為何，怎麼做能避免事情發生，接著反省自己是否也有責任。能這樣思考的人會說：「如果我有確實確認就好了」、「是我沒有提早注意到這件事」。對方認錯時，早已反省過自己。因此接受對方的道歉時，除了追究責任，也能表達出「讓我們重來一次吧！」的同理心，進而同時鼓勵到對方。

而第二種類型的人，則直接責備對方「那時候你如果這麼做的話……」，這一類型的人完全沒想過，或許現在眼前的錯誤，多少也與自己督導不周有關。不僅如此，用這樣的方式表達，在話說出口的瞬間，便已經失去對方的信任了。也就是說，對方會認為你「不想再合作了」。一旦失去信任，後續要再彌補通常都必須花上好幾十倍的努力才行。

巧妙回話，增進彼此情感

如果問題不完全是對方的責任，先反省自己沒做好的地方，接著以「但是，〇〇的那部分，如果你能那樣處理會比較好」提醒，對方的態度就會全然不同。不僅坦然認錯，還獲得成長的動力，讓人興起「我要一直跟隨這個人」的想法，彼此的信賴感也會加深。

夫妻或情侶之間也一樣，如果總是把錯推到彼此身上，關係就會出現嚴重裂痕，經常出現：「是你沒有把話講清楚」、「你說什麼，我以為你已經聽懂了啊」的相互指責。反之，若改說「我也有不對的地方」、「不，沒把事情做好是我的錯」等互向諒解的話，或許「問題」反而會成為增進彼此感情的催化劑。

別把問題全部推到他人身上

「那時候你如果這麼做的話……」

無論是私人領域或職場上的問題，這種完全不反省自己，純粹追究他人責任的態度，很快就會失去別人的信任。

「如果我有確實確認就好了。」

儘管不是自己的錯，但仍反省有沒有做得不夠的地方，並尋求改進。這樣的回話方式，會讓周遭的人「願意跟隨」、「希望能繼續一起合作」。

18

別把否決的責任丟給其他人

在某些場合，我們會代表公司回應其他公司的提案或委託。這種狀況中，如果回答「因為主管說不行，這次沒辦法答應這項提案。」的說詞相當於「我媽媽說不行，所以今天沒辦法出去玩。」跟小孩子沒兩樣，會讓自己顯得很不成熟，沒有擔當。

因此，在傳達否定結論的時候，必須仔細思考事情和自己的關聯性。

「因為主管說不行」是很幼稚的說法

「因為主管說不行」是把責任轉移到他人身上的拒絕方式，聽起來就像這件事跟我完全無關。可能會讓人覺得「那你在這裡做什麼？」、「這樣的話，直接跟你主管談就好了。」

相對於此，改說「無法取得主管的認同，是我做得不夠好。」雖然同樣是否決對方，但這種說法表示自己擔起了相當的責任。

然而，也有和公司持相反意見的時候，此時講出「我」所做的努力，反而會讓自己留下不好的印象，也是不理想的回話方式。

例如，一個企畫案在公司內部被否決，你這樣回答提出企畫的對方：「我個人認為這個提案非常好，只是公司這邊……」否決的結論並沒有改變，但這句話對方聽起來像是「我想執行這項提案，但公司卻否決，不是我的錯。」給人留下不負責任的印象。對方大概會想：「這種事不是跟我說的吧，要在你們的會議上有所表示啊！」

因此謹慎一點，改說「以我個人來說，絕對希望這個提案通過，但因為○○的狀況，必須先放棄這次機會。」這種方式雖然也只能讓被拒絕的一方知道「不是你個人的意思」，但會比前一種說法，好一些。

由此可見，傳遞否定的訊息時，有時候得承擔責任，有時候還是避開會比較好，必須視實際狀況，彈性調整。

否決之後，記得補充其他資訊

此外，否決之後，讓對方了解「公司希望的條件是什麼」非常重要。這麼做能顯示出你在工作中的重要性。即便最後下決定的人是主管，但講對的話使雙方協調順利，促進共識的達成仍是中介人可以掌握的重要責任。

除此之外，在拒絕的同時提出下回的邀請，也是一項重點。

「雖然這次必須割愛，但之後有機會請讓我們一起合作。」替對方著想，表現誠意，一句話就能創造後續的合作可能，避免因一次拒絕就流失客源。

確認自己在工作中的立場

「因爲主管說不行。」（雖然自己想要接受）

否決的結論沒有改變，卻顯得自己不負責任，被拒絕的對方會認為「既然如此，你應該好好說服公司內部的人」、「讓我直接和主管談」。

「我們希望條件可以〇〇〇，下次請務必一起合作。」

身為負責人，提供有用的資訊，並提出下回邀約，能讓對方產生好感，也會讓對方對你留下「很能幹」的好印象。

19 以「您覺得如何？」緩和否定意見

在歐美的商業會談中，出現「ＹＥＳ」和「ＮＯ」的爭執是很自然的事。不過在亞洲，因爲人情關係很重要，如果直接面對面表示反對，對方可能會認為連「自身」都被否定了。因此，持相反意見時，加上一句「您覺得如何呢？」的說法，會讓人比較容易接受採納。

不全盤否定，尊重對方的意見

想法和對方有所差異時，請不要立刻否定對方。

「幾經思量，我認為這麼做還是比較好」、「應該要選〇〇才對吧！」如果用這種方式表達，對方將難以對你信服。

否定對方的提案，不一定要發生爭執，從對方的提案中找出優點，表

示自己的尊重。「這個部分我覺得很不錯，但若從其他角度切入，這個想法或許也不錯呢！」試著用這種方式把其他方案提供給對方參考。

此外，最後加一句「您覺得如何呢？」也是一個要點。

「我認為現有方案的〇〇部分非常棒。不過，考量到成本效益，改用這個做法的話，您覺得如何呢？」

不全盤否定對方，認同其中的一部分，接著做出新提案較為理想的判斷。如此一來，就能讓對方坦然接受提案被否決的結果。藉由詢問意見向對方表達尊重，是緩和說出否定意見的關鍵要領。

不全然否定對方，對於優點互相認同，最後選擇一個最好的解決方案。我認為這才是適合亞洲人的開會方式，畢竟「尊重別人」的說話哲學，已經深入東方文化之中了。

以疑問句結尾的反駁，比較溫和

這裡的「您覺得如何呢？」是商人在擁護我方意見時，慣用的詞語。向主管會報時，語末加上這一句，代表對主管的想法表示尊重。

例如，你的報告內容如果停在「我認為〇〇公司的這項提案可以接受」。可能會發生這種狀況：「這不是你可以判斷的事，不行。」主管會還沒仔細考慮，就不留情面地直接拒絕。

反之，改說「我認為客戶的這項提案是可行的，您覺得如何呢？」的說法，是對主管的想法和判斷表示尊重。

另外，後續回報時可以這麼說：「目前案件持續朝〇〇方向進行，您覺得如何呢？」「就這樣繼續做吧！」如果得到主管的指示，責任就會回到主管身上，即便對方回答：「這種程度的事你自己決定」，日後出現什麼問題，也能說「我被賦予裁決的權利，已經奮力一搏」藉此保護自己。

即便反駁，也要表現出尊重的態度

✖

「幾經思量，我認爲這麼做還是比較好。」

討論事情的時候，若全盤否定對方，堅持己見，會讓人無法冷靜下來思考對錯，且自己的想法可能也難以被信服接納。

✔

「考慮到此狀況，我認爲這種做法也行；您覺得如何呢？」

尊重對方的意見，用提案的方式表達「有從其他面向切入的可能」，緩和對方被反駁的情緒，才能冷靜下來客觀檢討對或錯。

20

別用「請怎麼做」拜託他人

曾有雜誌做過調查，在下屬最不想從主管口中聽到的詞語中，「請」排進了前五名。逢人就說「請怎麼怎麼做」，這是一種「自我」的說話方式。

面對客戶或主管時，不可以用「請」這種方式說話。雖然「請」本身有尊重對方的意思，但如果說「請幫我複印」、「這份資料請在明天之前給我看」，等於完全不留餘地給對方，也就是要對方完全接受的意思。

如果不斷從下屬口中聽到這種略帶命令含意的話，主管因「感覺自己被命令了」而不開心，並非什麼不可思議的事。

以前有一次去美容沙龍，我發現服務人員要請客人動作的時候都說：「請您……」。**用「請」確實比較有禮貌，但一直聽到「這位客人，請您〇〇〇」，總有被指使的感覺。原本是來放鬆一下的，卻莫名覺得更累了。**

為此，用以下兩種方式代替「請」，緩和其中的命令語氣吧！

❶「能否請您……？」：用疑問句型結尾，表示尊重對方的想法。

❷「麻煩您……」：根據美國心理學家湯瑪斯．高登（Thomas Gordon）的研究，用「我訊息」（I-Message）表達，例如：「我希望你〇〇〇」，比用「你訊息」（You-Message），例如：「你應該〇〇〇」，更容易讓人接受。「麻煩您……」這句話的主詞是「我」，減弱了命令感，聽起來比較容易入耳。

既使關係親密，也要留意說話方式

不只面對長輩時要注意表達方式，如果對同事或家人也做到這一點，就更能拉近彼此之間的距離。

舉例來說，有急事要麻煩後輩幫忙時，不要只說「幫我做一下這件事」。在句子中加入道歉的語意：「很抱歉，因為有點急，可以麻煩你幫我做這件事嗎？」就算對方還有別的事要做，也可能因為心情不錯過來幫你。

另外，希望丈夫幫忙把曬好的衣服收進來時，不要說：「今天你收一下衣服」，改用「很抱歉，因為今天我要晚一點回家，可以幫忙把衣服收進來嗎？」這樣一來，聽來順耳多了，對方不就會欣然幫忙了嗎？

說明原因，降低「期限」帶來的壓迫感

「這件事希望在某某時間以前完成」，請求別人做事時，有時候會出現要求期限的狀況。尤其是發送郵件委託工作給公司外部人士的時候，要特別注意。郵件可以重複閱讀，為此，表達時要保留選擇的餘地給對方。與其直接寫出一個日期：「〇月〇日以前」，改以「左右」、「預定在……」等方式，較能緩和期限帶來的壓力。

例如，如果截止日是八號，就告知對方期限在「六號左右」。「很抱歉帶來這麼大的困擾，可以的話，能否麻煩您在六號左右寄回呢？」語氣委婉、保留餘地，對方在期限內完成工作的可能性就會比較高。

此外，無論如何必須在期限前完成的事，交代日期時最好一併說明原因。例如「很抱歉，因為今天必須針對這件事給客戶一個回覆，可否請您在中午前做好確認？」這種說法傳達了「因為客戶的關係，一定要在中午前完成」的意思，沒有商量的空間。雖然有確實交代背後的原因，但沒有給予溝通機會的話，可能會造成反效果。因此，語尾以「拜託」或「麻煩了」的語氣配合疑問句型，是給對方一個得以討論空間的說話技巧。

另外，拜託別人做事的時候，使用「造成困擾」、「這麼突然實在抱歉」等「緩衝用語」，能提升整體的好感度。

如果對方在忙，有餘裕再處理也沒關係的話，可以用「抱歉打擾到您，等您有空的時候……」這種方式表達需求也可以。總之，說話的方式要依據對方的狀況和事情的緊急程度而定。

需注意的是，如果省略事情的來龍去脈，只講希望對方怎麼做，很容易產生誤解，造成分歧。不只有求於人時該這麼做，「把事情好好交代清楚」在任何狀況中，都是說話的重點。

有求於人時講「順耳」的話

「請在中午前確認完畢。」

希望別人為自己做事的時候，直接用「請」略帶命令的感覺。尤其如果對方是長輩，最好不要使用這種說話方式。

「這麼突然實在抱歉，因爲必須在今天回覆對方，可否請您在中午前完成確認？」

補充非做不可的原因，是最周到的說法。對方了解「原來是這種狀況啊……」多半能坦率地接受要求。

21

提出要求時應「正向」且「具體」

對他人有所期待卻不說出口，不滿的情緒逐漸累積，最終就會說出「為什麼你就是不能〇〇〇？」的話。此話一說出口，兩人的關係就會產生裂痕。如果希望對方有所改變，請使用正面語氣，並告知具體的內容吧！

別用「為什麼你就是……」責備

根據調查，婚後女性最大的困擾，就是丈夫不擅長做家事，進而不幫忙做家事。然而，丈夫多半沒有注意到妻子的不滿，還誤以為對方「很喜歡做家事」，絲毫不帶愧疚地度過每一天。

不滿一再累積，「為什麼你就是不幫忙做家事？」總有一天妻子的情緒會大爆發，只是丈夫事前全然沒意識到這件事，於是，在你一言我一語的情況下，很可能產生爭執。想傳達的意思單純只是「希望你做家事」，卻用「為什麼你就是……」來表達，後者這種說話方式等於否定了對方的人格。

為了讓對方確實理解，話說出口之前要想清楚遣詞用字。談話的目的並非責備丈夫過去都不做家事，因此要對未來提出有建設性的具體期望。

「打掃和洗衣都是必要的工作，但我沒有時間兩者兼顧。我負責洗衣，你可以幫忙用吸塵器打掃環境嗎？」這樣拜託的話，大多數男性應該都不會拒絕。記住，重點就是把希望對方做的事情明確說出來。

提點後輩時，告知具體原因

在職場上需要提點後輩或下屬時，也請不要摻雜個人情感，應該理性地對未來欲達成的目標做出具體的說明。

若動怒、情緒化地表達：「你怎麼除了自己的事以外，什麼都不做？」、「做事要再周到一點！」這種語意模糊的說話方式，對事情全然沒有幫助。重要的是，用積極、正向的說話方式表達意見，例如：「這屬於你的工作範圍，所以……」。

舉例來說，面對不回郵件的後輩，實在很想跟他說：「為什麼你都不回信呢？」不過這種表達方式，對方可能會理解成「我無法理解你的做事方法」或者「我不想跟你共事」的意思。對方大概會覺得「前輩應該是討厭我才會這麼兇」，導致解讀的方向完全錯誤。

為了避免造成誤會，首先應該指導對方：就職場的溝通原則而言，收到通知或被告知訊息時，一定要向對方表示「收到了」。

你可以這麼說：「沒回信的話，我無法確認訊息是否確實傳達，心中會感到不安，之後一定要記得回信哦。」告知非做不可的理由，並提供建議的具體做法。

不做情緒化的責備，模糊焦點

「為什麼你不打掃環境？」

對方從未想過自己做錯什麼，突然就被說話者否定了，這種情緒化的發言，會留下類似「我已經不想跟你在一起了」的誤解。

「我負責洗衣服，你可以幫忙打掃嗎？」

具體告知希望對方怎麼做。在家事上，用「我負責什麼」表示分工，並非要求對方做完全部家事，對方會比較容易接受。

Column 3

欲讓座時，用疑問句提出較禮貌

無論是在公車或捷運上，要讓座給別人時有許多值得注意的地方。

雖然是出於一片好心，但「這邊請坐」的說法，總是令人擔心對方是否會理解成「你看起來有年紀了，應該坐下來比較好」。對方可能會不開心地說：「我還沒到那個年紀」，也有人會說：「沒關係，不用了」直接拒絕。

讓座有許多方式，有些人會默默離開座位，也有人只說「請坐」。就我個人而言，讓座時會說：「假如您願意，這邊給您坐好嗎？」

這種說話方式，表達不想強求對方同意自己的提議；也就是說，用疑問句型結尾會給人有禮貌的印象，也表示自己會聽從對方的意願，選擇的權利掌握在對方手中。

其他狀況也一樣。假如你是旅行社員工，想要把導覽手冊拿給旅客參考時，「這邊還有更詳細的資料，假如您願意，讓我拿給您參考好嗎？」這是一種尊重對方意願的詢問方式。比起「讓我拿更詳細的資料給您參考」，加入「可以的話」或「假如您願意」，比較沒有強迫性；使用疑問句表示「想不想參考，視您的意願而定」。

雖然有的時候會覺得有些拐彎抹角，但若是非必要的詢問，或者遇到必須尊重對方意願的情況時，請試試看這種「疑問句」的表達方式，會顯得更加有禮。

第四章

職場新鮮人必學！七大辦公室說話術

22

回答太省略，容易得罪人

現在的年輕人習慣用簡短的語句，在通訊軟體上對話溝通，並就此認為長輩也能接受這種比較輕鬆的表達方式。事實上，這種簡短的流行用語在商場上並不適用。

在對話中，「真的耶」是「沒錯，確實如此」的省略用法。當彼此的關係對等時，這種不正式的回答或許沒問題，但與對方若有上下級關係，就要避免使用。例如，主管給予建議，表示「你這麼做會比較好」時，你回答：「真的耶」，有種「這種事情不用你說我也知道」的感覺。如此，會讓主管產生自己被你當做同輩，不受重視的不愉快感。

遇到這種狀況，應該先表達感激說「謝謝你」，接著說「下次我會照您說的做。」這樣一來，對方就知道你真誠地聽取意見了。

此外，其他類似「狂」、「超」、「神」的用語，我建議私底下與平輩或同事閒聊時可用，但面對主管或客戶時，千萬不要使用。

一個人的遣詞用字，展現的是其教養與氣質。短短一句話就能看出一個人的素養好不好；也就是說，從說話方式就能看出對方有何能耐。經常把簡略的流行語掛在嘴邊，容易給人隨意、不專業的形象，要特別小心注意。

不要過度使用「沒問題」

另外，「沒問題」也是一般人很常掛在嘴邊的話；面對長輩時，請用完整的語句好好回答。例如，公司面試時，被問到「對於敝公司的工作環境，你可以接受嗎？」如果只是回答「沒問題，沒問題」，會給人留下詞彙貧乏的印象。與此相對，以完整的句子「我曾經有過○○的經驗，因此無論在什麼環境都能適應。」回答，好感度就會提升許多。

總的來說，精簡的短句無法確實向對方表達敬意，而使用自己不擅長的用語更容易造成誤解。因此，說話時要選擇能確實傳達敬意的表現方式。

完整回答，才是禮貌的說話方式

✖

「真的耶！」（有人提出建議時）

這種說法帶有「這種事不用你說我也知道」的感覺。此外，也有人會回答：「就是說啊！」也是不恰當的回應方式。

✔

「謝謝，下次我會照您說的試試看。」

首先，說「謝謝」跟提出建議或提供幫忙的對方表達謝意。接著積極表達會採用對方想法的意願，如此，對方就會覺得你「虛心受教」，好感度因而提升。

23 犯錯時，一定要先說「非常抱歉」

在為企業上新人培訓課程時，有一件事我一定會提醒學生：向客戶和顧客道歉時，絕對不能使用「不好意思」。進入社會後，講話不能像學生時代那樣隨興，道歉時要說「我非常抱歉」。

只要是人，都會有犯錯的時候；因此，犯錯後的重點在於如何表達歉意。**道歉是對工作重視與否的態度展現，有時說錯一句話就可能讓自己的信用破產**。因此，選擇能確實傳達歉意的用語，非常重要。

「不好意思」在公司內部使用或許沒問題，但面對客戶時，這種用法會讓人留下輕率的印象。例如你對客戶說：「不好意思！我不小心忘記了。」對方可能會想：「這種事情不容許不小心忘記吧！」、「真的有在反省嗎？」

此外，「不好意思」後面接續的「我忘記了」或「我看漏了」，都會讓人產生「這件事你根本沒放在心上吧？」的誤解；若再加上「竟然」這個詞，變成「我竟然忘記了」，等於是宣布自己做事很隨便。

「非常抱歉，是我的疏忽」、「非常抱歉，是我沒有做好確認工作」；發生錯誤後，必須禮貌地低頭鞠躬，才能展現道歉的最大誠意。

搭配肢體語言更能展現誠意

如果犯了比較嚴重的錯誤，表示「真的非常抱歉」的同時，也要低頭深深一鞠躬；這個肢體語言很重要。接著，表明今後的決心：「往後一定會謹慎處理，絕對不會再犯相同的錯誤。」此外，若能一併提出補救方案，更能顯示自己願意負責處理後續問題的積極態度。

另一方面，後續的道歉也很重要。事情過後，再次見到對方時，應該要說「先前造成您的困擾，真的非常抱歉」，二度表示歉意。做好「誠心的道歉」以及「事後積極處理的態度」，如此對方便能感受到你對工作的重視。

我認為若沒有搭配肢體動作，講再多的道歉，都難以讓對方感受到誠意。

犯錯後的道歉，必須誠心誠意

「不好意思，我不小心忘記了。」

記住，學生時代習慣使用的隨性用語，在職場上不適用。這種不見反省態度的道歉方式，很可能會讓你失去客戶。

「非常抱歉，是我沒有做好確認的工作。」

犯下嚴重錯誤時，搭配低頭鞠躬的肢體語言非常重要。另外，根據不同的狀況，以下也是可行的道歉用語：「是我領導無方」、「由衷抱歉，懇請諒解」。

24 說「遇到麻煩」會造成不必要的緊張

工作時，一定會出現遇到問題需要詢問主管意見的狀況。這時該怎麼開口？直接說「課長，我遇到了一些麻煩」嗎？這是不好的，如此會造成不必要的緊張，應該用溫和一點的話開場。

「遇上了一些麻煩」是一種以自我為中心的說話方式，對說話者來說，某件小事可能就是「麻煩」。然而，從主管的角度來看，「一些麻煩」會聯想到「是不是出了什麼嚴重問題？」因而進入戒備狀態。

改用「有點事情想跟您談談」就能避免造成不必要的緊張。此外，「有件事想請教一下課長的想法。」更能讓主管產生被人敬重依賴之感。

凡事報告、有事聯絡、遇事商討——「報聯商」是商場上的生存法則。然而，很多人有過一次說錯話造成主管臉色大變的經驗後，對於此「報聯商」

的流程漸漸失去信心，進而斷送原先搭建好的溝通橋樑。

如果話能說得讓主管順耳，就能建立和諧的關係。但前提是，要帶著尊敬對方、虛心求教的心態溝通；「請教您的想法」就是很適當的說話方式。

說話成熟莊重，有助維繫良好的人際關係

另外，有事需要請顧客幫忙時，不要直接說：「麻煩你〇〇好嗎？」改用「需要請您幫我一個忙」開場，並配合低頭鞠躬的動作，給人的印象就會大為不同。而請別人為自己引薦對象時，不要說「麻煩你介紹〇〇先生給我認識好嗎？」而是說「有機會的話，可否麻煩您把我引薦給〇〇先生呢？」這種說法，能在他人的印象中「升級」，認為你是「有能力的人」。

除此之外，說話成熟莊重，對建立良好的人際關係亦很有幫助。**遣詞用字會透露一個人的教養和做事態度，讓對方產生信賴**，認為「這個人談吐有致，介紹給對方應該沒問題。」總之，根據不同狀況，表達的方式也會有所不同。謹記在職場上，只要尊重對方，就能讓自己獲得更多信賴。

讓主管願意傾聽問題的說法

✖ **「我遇到了一些麻煩。」**

這種說話方式會讓人產生警戒，擔心是不是工作出了什麼大問題，也會給人一種「自己無法解決的問題，不先想想如何處理，只會問人」的感覺。

✔ **「想請教一下您的想法。」**

對方能感覺到你的敬意，並傳達出「來向您請教意見，之後事情我會自己處理好」的決心。說話時，只要開場開得好，之後的溝通就會順暢許多。

25 讓對方感受到「無可取代」的關鍵詞

「○○先生，很開心能與您合作，您是無可取代的。」

「說到 EXCEL 的製表能力，沒有人能比得上您啊！」

像這樣，使用讓對方感覺自己受重視的說話方式，不僅能和公司外部的人打好關係，也能激勵下屬士氣；這是一項很重要的「說話武器」。

我們總是希望能和往來的客戶建立良好關係，而關係的好壞多半與談生意時的遣詞用字有關。舉例來說，遇到一個難度很高的案子，但因為「對方身分很重要不可能拒絕」時，要用以下哪一種回應方式比較合適呢？

❶「既然是您的委託，不可能拒絕呢！」

❷「您是無可取代的，非常開心能和您合作！」

❶是很常見的用法，但可能會讓人有種「既然是你，也沒辦法，只能接受了」，帶有以恩人自居的感受。反之，使用❷讓對方因「自己受到重視」而產生好心情，是比較適當的說法。

記住，類似「不可或缺」和「很高興能～」的說話方式，能提升對方的好感度，進而幫助後續工作順利進行。

用「沒有人比得上」提振對方的士氣

對今後需要領導下屬或後輩的人來說，利用言語來激勵提振對方士氣，並藉此指揮工作布局，是一項很重要的能力。

例如，想請一個對 EXCEL 很拿手的下屬處理一份複雜的表格，以下哪一種說法最能激勵人心呢？

❶「〇〇〇，幫忙用 EXCEL 處理一下這份表格。」

❷「因為你對 EXCEL 很拿手，想請你幫忙一下。」

❸「說到 EXCEL，實在沒人比得上你。可否拜託你做這件事呢？」

❹「由你製作 EXCEL 表格，可以完全放心了！請務必幫這個忙！」

在溝通技巧上，讓對方感覺自己受重視的話，工作意願就會提升很多。因此，在這個狀況下，藉由❸和❹的表達方式，可以讓對方覺得「非自己不可」，進而提升其態度和意願，努力工作。

如何說出讓對方感覺「無可取代」的話呢？

關鍵在於，說話時要抱持「想讓對方得到意料之外的感動」、「想讓對方開心」的想法；若沒有這種說話的心態，是不可能打動人心的。

話雖如此，各位讀者也不用太心急，只要接觸的人愈多愈廣之後，就能活用自如，逐漸了解「什麼場合，面對什麼類型的人，何種說詞最能讓對方高興」的說話技巧。

如何提高下屬工作意願？

「○○，幫忙做一下這件事好嗎？」

這是一般主管對下屬的說話方式。既然是主管的指示，怎麼說就該怎麼做。但若能讓對方感覺受到重視，工作態度就會更積極。

「講到這件工作，實在沒人能做得比你好呢！」

這種說法強調「因為是你，我才會託付這項任務」的意思。看到下屬在某件事表現不錯時，不妨多利用這句話交辦工作指示。此外，也可以對家人說這句話哦！可以讓家庭生活變得更和諧。

26 不談論個人好惡

職場上，不憑個人好惡行事是基本原則。學生時代或許可以只與合得來的人交往，然而，出社會後，主管和客戶都不是你可以挑選的。為此，社會人士必須圓融，如果總是將自己「喜歡什麼、討厭什麼」掛在嘴邊，就會給人留下不成熟的印象。

談論八卦會使團隊產生嫌隙

「其實，我討厭那個○○○」、「那個○○○不喜歡我」，有些人經常喜歡把「個人好惡」拿出來討論；事實上，這是不好的。請不要把個人情感帶到職場上。想在商場立足，大前提是能跟任何人相處，清楚了解這個道理的人，是絕對不會講出上述的這類話語。

此外，「我很喜歡○○先生，希望能與他共事」這種表達「喜歡」的說法也不適當，請改用「○○先生做事很認真，希望能找個機會跟他合作」比較恰當。總之，**在職場上說話時最好避免挾帶私人情感**。

此外，「○○○說他討厭（喜歡）□□□呢！」討論他人八卦的行為，會讓組織或團隊內部產生嫌隙，更容易破壞人際關係。

對工作內容「不擅長」時，如果是用這個詞來表述正向態度，例如「因為不擅長，我更要加油」、「因為不擅長，我會好好學習」，勉強還在可接受的範圍之內；但如果對工作內容直接表示「討厭」，那就出局了。

「討厭」和「喜歡」都是傳達感受的詞彙。例如：挑選設計稿件時，如果提案符合一定標準，給予感受性的評價表示合用或許沒有問題。然而，若只說：「我討厭這個設計提案」，卻沒有說明確切原因，那就是感情論事。

不用外表或抽象感覺描述他人

不少人會根據個人好惡評斷他人，也有人只注意外表；無論如何，這在職場上是行不通的。

例如：客戶端換了一個負責窗口，主管詢問「現在這位負責人如何？」時，如果回覆「超帥的」、「很胖」這種毫無關聯的答案，大概會被認會是個搞不清楚狀況的人。

主管想聽的是跟工作有直接關係的答案，因此應該回答「在業界已經很久了，經驗豐富，值得信賴」。回答問題之前，要先思考對方想了解的是什麼事，才能精準回話。

此外，描述一個人的品格時，重點在於避免只憑自己的價值觀說出抽象的話，例如「〇〇先生很神經質，不好合作」，這種說法會讓人對尚未碰面的對象，產生先入為主的印象。遇到類似情況，只要清楚告知「與這個人合作該注意哪些部分」，說明具體的應對重點就好，例如：「和他提醒一下截止時間會比較好」。

職場上，不應以個人好惡談話

「是個矮小的人。」（被問到對客戶新負責人有什麼看法的時候）

聽者想了解的，是合作夥伴的品格而非外表，回答毫不相干的答案，會讓人對你的工作能力失去信任。

「經驗豐富，有理想，應該是個值得信賴的人。」

清楚報告工作經歷或對其品格的看法，這樣的回答可以讓主管有個具體印象，大概知道往後合作時可能會遇到什麼樣的狀況。

27 不使用負面詞彙

「排程不妥的話請您告知」、「這一天不行嗎？」、「實在很對不起」，以上都是廣泛被使用的句子。雖然有禮貌，但「不妥」、「不行」、「對不起」帶有負面含意，如果能避開這些詞彙，給人的整體印象會更好。

一句「不妥」就會影響觀感

低頭鞠躬，同時配合「緩衝用語」會讓人覺得很有禮貌。比如「這麼任性真是抱歉」、「實在得罪了……」都是正確的用法沒錯。然而，「任性」和「得罪了」是含有負面意思的詞彙，就我的看法而言，說話時還是盡量避開，比較妥當。

為什麼要避免使用負面詞彙呢？因為一**個負面詞彙會影響整段談話的品**

質，使聽話者對說話者留下不好的觀感。

邀請我出席演講或研習會的電子郵件中，經常會看到以下內容：「日程安排不妥的話請您告知」、「如果渡邊小姐不行，我們必須聯絡其他人，因此還請您告知」。直接講出「不妥」、「不行」等負面詞彙，可能會讓聽者對於整段對話產生負面觀感。這時，我建議改用「安排其他時間比較理想的話……」來表達。

回顧過往經驗，我認為當人只考慮到自己的事情或立場時，負面詞彙就非常容易脫口而出。

例如，我曾經對丈夫這麼說：「既然你今天也要晚回家，我就不做晚餐囉？」其實應該能用更溫柔的方式表達才對。這種說話方式證明我沒有體諒對方，替對方著想，應該好好反省。

此外，詢問顧客的大名時，你認為哪一種問法能讓聽者留下好印象？「得罪了，大名是？」還是「抱歉，能否請教您的大名？」對我來說，聽到「得罪了……」的瞬間會有所防備，擔心「到底發生了什麼事？」

當負面詞彙即將脫口而出時，若能有所警覺，改用其他適當的語句表達，談話品質就會提升許多。

別把「可以嗎？」當成口頭禪

另外，商務對談中，使用「行、不行」或「可以、不可以」來表達，會讓對方留下不受重視的印象。因此，不要說「會議安排在下週可以嗎？」而是說「會議安排在下週的話是否方便呢？」。改用「方便嗎？」會使聽者的觀感提升許多。

「可以嗎？」用在常態性的例行工作或許沒問題，但我曾收到以下這種邀約演說的郵件：「〇月〇日登台演說，可以嗎？」既便「登台」是很有禮貌的用語，但「可以嗎？」瞬間就把談話品質往下拉低了好幾個層級。

我認為，能考量到語意最細微之處的，才能算是有智慧的大人。

使用負面詞彙會使談話品質下降

「排程不妥的話……」

並非錯誤用法，但負面含意的「不妥」會破壞整段對話觀感。因此，請盡量避免使用類似詞彙。

「安排其他時間比較理想的話……」

不帶負面詞彙，很漂亮的換句話說。若做不到這樣的轉換時，代表該注意自己是否忘了站在他人的立場著想了呢？

28

「緩衝用語」並非一成不變的公式

有事相求或要拒絕別人時，許多人習慣先以緩衝用語開場，接著才說出欲表達的內容。然而，緩衝用語並非可以隨意套用的公式，必須依據實際狀況，並在考量對方的想法之下，選用最適切的緩衝用語，才能成為討喜的人。

「非常抱歉，在您百忙之中……」、「造成您的困擾……」、「對不起……」，以上語句都屬於「緩衝用語」。一般而言，**緩衝用語的作用是「減弱後續內容帶給對方的衝擊」，但我認為有更重要的功能。**

用對時機，能提高對方的行動意願

緩衝用語做為前導詞，必須正確傳遞說話者的心意和意圖，因此，使用時要根據「後續內容的重要性」及「對方的狀況」，選出最適切的詞語使用。

非必要的請託，可以使用「若不會造成您的困擾……」、「您願意的話……」開場。例如，邀請顧客申辦會員卡的時候：「若不會造成您的困擾，能否幫我在此留下您的住址、電子郵件，以及電話號碼？」尊重對方的意願，傳達出「不覺得麻煩再寫就行了」的意思。

不過，若是因為我方沒有處理好，不得不請對方留資料時，就必須以道歉開場：「真的非常抱歉，」接著陳述理由：「因為我方的疏失，遺失了您過去留下的資料，可否請您再次幫我填寫呢？」藉由緩衝用語的引導，誠實說明緣由。

另外，在公司內部有事情想請人幫忙時，如果對方正好在喝茶休息，不適合用「非常抱歉，在您百忙之中……」。對方大概會一頭霧水地回答：「咦？我現在一點都不忙啊……」此時，要用「不好意思，我這邊突然有點急事……」比較符合情境，或者「抱歉，想麻煩您幫點忙」也是理想的語句。

緩衝用語並非用了就有效果，必須考量對方的狀況，挑選能夠正確傳達想法的語句，才能發揮它最大的功能，用得恰到好處。

選擇符合情境的「緩衝用語」

✕ **「抱歉，能否請教您的大名？」**

並非錯誤用法，但「抱歉」比較適合用於真的有「對不起他人的行為」時使用。例如：看見沒有自我介紹就走過公司前台的人時，因為要請對方停下腳步，此時就會說「抱歉」。

✓ **「不好意思，能否請教您的大名？」**

單純詢問姓名用「不好意思」較能留下好印象，「抱歉」或「對不起」會讓人誤以為發生了什麼壞事。

Column 4

你是否罹患「請允許我」症候群？

有些人在做事時喜歡把「請允許我……」這句話掛在嘴邊，我們稱之為「請允許我症候群」。這是我課堂上學生，最常搞不清楚如何正確使用的一句話。

「請允許我……」是向對方尋求動作許可的謙虛用語（日文中的敬語）。為此，向其他公司的人做自我介紹時，如果說「我是〇〇〇，請允許我任職在〇〇公司」，是錯誤的。在日文中，敬語是用來向眼前的對象表示敬意，因此重點在於對方，行為本身會影響到對方時才會使用尊敬的語氣；這是我衡量使用時機的標準。

「請允許我為您回答相關問題」、「請允許我為您說明」都是沒有問題的用法，但「〇〇先生允許我參加他的宴會時，發生了一件事……」就不合適，因為「參加〇〇先生的宴會」跟眼前的對象毫無關聯。換言之，只要思考「請允許我……」是請「誰」允許，就很容易判斷使用時機了。

順帶補充「〇〇的教誨」這種尊敬的說話方式。對方如果不認識你的小學老師，你說：「小學恩師曾經這麼教誨……」是不合適的，用「我的恩師曾經這麼說……」就可以了。迷惘的時候，只要思考一下談話對象的身分，即可判斷敬語的使用時機。

第五章

不想被排擠、討厭？千萬不要這麼說

29

不說「應該這麼做才對」

「身為男人，就該這樣做！」、「這件衣服不會太樸素嗎？」有些人喜歡把自己的想法強加在他人身上，這種高高在上的發言容易讓人厭惡。與此相對，最好用提議的方式取代，例如：「我覺得這麼做比較好。」

無來由的「指導」會使人際關係疏離

有些人說話時，就像所有人都必須肯定他的想法一樣，出現一點不同的意見，就說「不行」，擺出高姿態拒絕，但理由通常都很模糊。

喜歡「指導」別人的人容易樹敵，如果是遇到強硬一點的人，很可能會回嘴一句「你說什麼！」進而發生爭執；如果對方比較軟弱，很可能因此覺得「自己是個沒用的人」，陷入不必要的負面情緒中。換言之，一旦在說話的過程中讓人留下「唯我獨尊」的形象，周遭的人就會漸漸疏遠。為此，用建議取代武斷的說詞，不僅對方會比較容易接受，也可以避免自身形象受損。以下幾種替換說法，各位不妨參考一下：

「這件衣服太素了吧！」→「感覺色調亮一點的衣服比較適合你。」

「你這樣說話會沒人緣哦！」→「對女孩子說話要溫柔一點比較好。」

「身為男人，就該這樣做！」→「如果是我，或許會這樣做。」

只要轉換表達方式，武斷的評價就成了具有建設性的意見，不僅能讓彼此間展開有意義的討論，對方也可能會因此感謝你。

武斷的說詞，是談話的一大禁忌

提供育兒經驗時，要特別留意自己的態度是否太過篤定。很多人會因為某種方法「對我家的孩子很有用」，就想指導其他人跟著一起做。如果有人提到：「我家的孩子總是不好好吃飯」，這些人很可能會武斷地回答：「因為你一直把食物放在餐桌上，所以他才不吃。」

我自己在帶小孩的時候，很多人來跟我說「應該這樣做才對！」、「應該那樣做才對！」一個新手媽媽被這樣指手畫腳，很可能會陷入負面情緒中，自責沒用、沒把事情做好。

現在，孩子已經長大，我對育兒的看法也有所不同了：**有一百個孩子，就有一百種教養方式，不會有所謂一體適用的共通育兒法**。適用於自己孩子的方法，不一定能套用在其他孩子身上。

同理，提出建議時，也要抱持這樣的想法。舉上述的例子來說，「我聽人家說，孩子不吃飯的時候，最好把餐桌上的食物收掉。你可以試試看！」像這樣，轉換說法，把自身的經驗當作一種參考建議，而不是武斷的正解。

引導對方找出自己的想法

如果職場的同事找你商量：「實在不懂客戶的想法，真是困擾。」你回答：「這種事，應該馬上問清楚吧！」這就是一種太過武斷，把自己的想法直接扣在他人頭上的回應；也就是說，應盡量避免使用「應該」這個詞彙。

每一個人做事的方法都不同，面對迷惘、不知道方向的人，把自己的想法當做一種選擇，提供給對方參考就好。例如「面對這種狀況的話，我可能會這樣想」、「僅止於我的想法」，可以用這種方式提供意見。

除此之外，循循善誘也是一種選擇。了解事件緣由和當事人狀況後，詢問對方：「那你自己是怎麼想的？」或許對方內心深處早有定見也說不定。引導對方說出自己的看法之後，可以繼續提問：「從這個觀點切入，你認為現階段該怎麼做比較好？」

總而言之，不強加我方觀點，引導對方回答出內心的想法，這才是替人除憂解惑的最高境界。

提出參考建議，不強加自我價值觀

「這件衣服太樸素了吧！」

將自我標準強加在對方身上，卻沒有提供合理的具體解釋，對別人來說沒有說服力。

「感覺色調亮一點的衣服比較適合你。」

「樸素的衣服」轉換成了具體的建議，對方比較容易接受，或許還會進一步詢問：「哪一種顏色比較好？」如此一來，還能輕鬆延展話題。

30 避免用「比較」傷害別人

「人家○○○就做得到」，給予他人指點時，如果出現一個比較對象，會造成不必要的傷害。每個人的心中都有一套價值標準，透過比較來評價他人無可避免，但說出口和不說出口的結果，大不相同。

不拿第三者做對照

例如，指導後輩處理會計帳目時，如果對方沒辦法一次聽懂，你拿其他員工出來對照：「人家○○○一次就學會了哦！」對方會做何感想呢？「這件事跟○○○沒有關係吧！」，可能因此心情不好，也或許會產生自我否定的感受。

被比較的瞬間，有些人會產生「被認為是個無能之人」的感受，如此，真正該注意的焦點反而模糊了，且問題仍舊沒有解決。事實上，拿其他員工做比較，等同於告知對方「你的能力比那個人還差」，不僅沒有任何建設性幫助，還可能造成不必要的傷害。

為此，話說出口前，先考慮清楚是否有必要提出第三者做比較。在上述例子中，「如果你能一次就學會的話就好了。」改用這種說話方式，不僅能完整傳達想法，也可以避免傷害對方的自尊。

用讚美取代比較

「為什麼你的動作總是比哥哥還慢？」、「人家○○○在補習班已經升級到高一等的班別了，你怎麼還停在同一個地方？」拿孩子做比較的父母很常見，不僅是對孩子說，很多家長在聊天時也會拿各家的孩子出來互相比較、討論，似乎一定要爭個輸贏。

相較之下，美國的教育則是無論多小的優點，父母都會給予極大的讚美。「桌上總是乾淨整齊，你真的很棒！」、「從來沒有遲到過，你真的很不簡單！」、「鞋子擺得這麼整齊，你真厲害！」

我認為，有十個孩子，就能找到十個值得稱讚的優點。孩子的價值，絕對不僅僅取決於學業成績和運動細胞。

然而，在大部分的亞洲社會中，讚美已經流於形式：「聽老師的話」、「會念書」、「運動能力很好」、「參與學生會活動」，只有這四件事值得稱讚。

在這種氛圍下，家長總是拿「〇〇〇比較會念書」、「〇〇〇很有運動細胞」跟自己的孩子做比較，最終，會造成小孩的價值觀變得狹隘，接收不到其他多樣發展的可能性。

總的來說，無論家庭或職場，都請避免把他人放到天秤上比較優劣。

不要說出「比較」的話語

「〇〇〇比你更〇〇呢……」

拿第三者檢討對方會造成無謂的傷害。拿同儕跟自己的孩子做比較，會讓孩子的價值觀變得狹隘。

「你總是保持乾淨整齊，眞的很棒哦！」

用個人的觀點給予評價，不拿第三者做比較，可以增強對方的信心。如果對方需要你的指點，再提出具體的改善方法。

31 過度毒舌，會自損聲譽

言語，透露出一個人的品格。其中，最能展現一個人修養程度的，莫過於評價他人的語彙。請試著回想，你平常都用什麼方式評論別人呢？

「那個人的程度不過如此」、「那個人普普通通而已」，有些人是「分析癖」，喜歡到處給人分類、貼標籤。尤其如果針對學歷、出生地等無可改變的事實，發表輕視言論，是一件非常不體面的事。嘲諷別人的失敗，擺出高高在上的姿態，會讓人產生「這個人以為自己是誰啊？」的想法。

優缺點的評斷見仁見智。舉例來說，一個人對你來說很「神經質」，其他人可能覺得「做事慎重，值得信賴」。同樣的道理，你認為很「囉唆」的人，換個角度也可以說是「有活力」、「很能炒熱氣氛」。

貶低他人並不會提升自己的形象，慣於給予負面批評的人，自我的聲譽也會一起受損。與其毒舌，不如試著發現沒有人注意到的優點：「這個人，其實有〇〇〇的特質……」。如此一來，別人對你的評價會因此提升：「他真是一個見識廣闊，觀察入微的人。」**能夠發掘他人長處的人，會讓周遭的人產生「聽他說話就能獲得正能量」的好感。**

不說「有用」、「沒用」

由於工作關係，我參訪過非常多的企業和公司，有些公司的管理階層會說出「〇〇公司真是沒用」的話，通常這種公司的員工面對新進同仁或快遞人員的態度都很高傲。「有用、沒用」蘊含很強的階級意識，這種只在乎利益得失的惡質文化，很容易由上而下蔓延至全體員工。

在職場上，託付工作的人和受付工作的人一樣重要，缺一不可。如果能把「總是受您照顧」和「謝謝」掛在嘴邊，避開「有用、沒用」等詞彙，等於是以身作則地培育下屬和後輩。我認為，即便身處高位，仍需一視同仁地保持禮貌；唯有懂得互相尊重的公司才能得以蓬勃發展。

不把「有用、沒用」掛在嘴邊

「今年的新同事很沒用耶！」

這是一句可能出現在職場好友間的對話。然而，新同事畢竟是獲得公司肯定才錄用的人材，直截了當地表示「沒用」，等於在批判決定任用的公司高層。

「今年的新同事很穩重呢！」

「新同事很遲鈍」純粹是主觀看法，換個角度也可以說是「安靜穩重」。不假思索說出傷人的話，只會讓自己的形象受損。

32 不以恩人自居

「我幫忙做了○○○」、「○○能完成是托我的福」。

說出這種話，等於是要強迫別人道謝；懂得談話藝術的人，絕對不會以恩人自居。因此，話脫口而出之前，請先站在他人的立場思考一下：「這句話對方聽了會有什麼想法或感受？」

「讓我來幫你～」是在要求對方道謝

「工作上有點事希望可以跟○○先生見一面，能不能請您為我引見呢？」

遇到類似請託時，該怎麼給對方肯定的回覆？

❶「是我認識的人，讓我來幫你介紹吧！」

❷「是我認識的人，可以介紹給你哦！」

兩種說法都很自然，但是「讓我幫你～」這句話有種不得不向你道謝的感覺，給人的觀感相對較差。

另外，說「～能與他見面是托我的福」或「～能與他見面是我的功勞」，等於是在展現自己功不可沒。因此這種狀況中，只要表示「～能與他見面真是太好了」即可。只是換了句尾用詞，對聽者來說差異就會很大了哦！

聽懂不同世代的慣用語

「讓我來幫你～」這句話的背後隱含「為了你我才特別做這件事」的意思；也就是說，平常不會做，是特別「為了你」才有所行動。

然而，**說話者和聽者對「平常不會做的事」看法可能有所不同**。「家事」就是一個例子。

「這個週末是家庭日，去迪士尼樂園玩吧！」年輕世代大概很少人會使用「家庭日」這個詞彙。不過老一輩的人很常這麼說。這句話意味著說話者有「我特地為家人保留時間」的想法。

不過，對家庭主婦而言，為了家人做任何家事都是理所當然的，因此使用「家庭日」這個詞，聽起來就像在宣布「不僅僅是工作，我這個父親在家事上也很努力！」單是一個詞彙，就能看出價值觀的不同。

或許，現代人工作過於忙碌，也是「家庭日」這個詞日漸消失的原因。

順帶一提，我經常聽見有人說「昨晚只睡了三小時」的話，似乎是為自己的忙碌感到驕傲。我到某家工廠舉辦研習會時，曾聽一個位居管理職的人說：「回家已經超過凌晨兩、三點，早上不到七點半就出門。」這樣的公司似乎愈來愈普遍了。

勞動模式沒有改變的話，「家庭日」這種「特地為家人保留時間」的用語，或許總有一天會消失不見吧！

不要強迫別人道謝

✖

「○○能完成，是托我的福。」

就算是事實，這種以恩人自居，等同「我特別為你而做」，讓對方不得不表示感謝的說詞，聽起來很刺耳。

✔

「○○能完成真是太好了！」

純粹為他人的成功感到高興，不強調自己的功勞，對方自然會說：「都是托您的福」以表謝意。

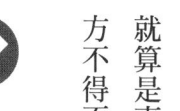

33 不隨便附和八卦謠言

聽到有人在說他人壞話或發牢騷時，我會很不自在；因此我自己不會這麼做。不過，還是會遇到主管對你抱怨某個同事，或者一群人聚集在一起大講他人壞話的時候。如果不加思索就同意、附和這些話，可能不知不覺就成了主謀，使自己的聲譽受損。

不隨之起舞，把自己變成「空氣」

通常壞話都是在當事人「背後」說的，因此，當你聽到別人在說壞話時，回答「沒錯，我也一直這麼認為」附和，最後可能會被當事人當成是「在背後說我壞話」的主謀。

在部分職場中，不附和同儕可能會被排擠，但講壞話只有短暫的凝聚力，你不知道誰會反過來在暗地講自己的壞話。換言之，這種相處方式無法產生真正的友情。

在「說壞話大會」中，最好讓自己變成空氣。你可以說「咦，有這種事呀？」**這是一種不認同也不否定的說話技巧，保持中立的處世之道，能降低變成主謀的風險。**

先附和後補充，保持中立

此外，別人對你發牢騷時，要看清楚對方的本意。

就算是夫妻也會有不同的想法，有時候很難真心認同對方的抱怨。男女之間有天生的差異：男生試圖得到結論，但很多女生只是需要有人傾聽自己。面對妻子在發牢騷時，如果丈夫回答：「講這種話，別人的臉色會很難看喔」、「你講別人的壞話，人家也會反過來講你的壞話」等於是在批判妻子，發牢騷是不好的或於事無補。其實很多時候，只要回答一句「真是辛苦你了！」對方就會滿足了。

發工作上的牢騷時，通常都會找處境相同、跟自己較親近同事作為抱怨對象。不過，抱怨前必須考慮到「現在他聽得進我的話嗎？」判斷對方是否有餘裕聽你說話。另外，如果後輩對課長還一無所知，絕對不可以說：「那個課長很不知變通」的這種壞話，讓對方產生先入為主觀念；這不是前輩該有的行為。

職場上，當主管對後輩有所抱怨時，請盡可能不要說出「真的是如您所說啊！」這種拍馬屁般的認同方式。與此相對，這時要先附和對方，接著補充：「不過跟剛進公司時比起來，算是有進步了吧！」這一點很重要。如果對方抱怨的是自己團隊中的後輩，可以回答：「非常抱歉，從現在開始我會特別留意這個部分。」

面對主管的抱怨或牢騷，若一味地反駁可能會讓你與他產生不必要的摩擦。因此我建議「先附和後補充」，是比較適當的應對方式。

不隨壞話或牢騷起舞

「對啊！您說得沒錯！」（主管抱怨某人不夠機靈時）

在這種狀況中，不加思索地以「說得沒錯、說得沒錯」附和對方，或許不會造成任何問題，但會讓主管對當事者的印象變得更差，剝奪被抱怨對象的改進和成長機會。

「是啊，不過跟剛進公司時比起來，算是有進步了。」

先附和對方，再用不經意的語氣補充說明。如果當事者是自己的下屬，則要回答：「很抱歉，從現在開始我會特別留意。」主管對你的評價也會跟著提升。

Column 5

選擇好話題，輕鬆聊不停

話題要經過篩選，並非想到什麼就可以說出口。面對交情不深的人，如果話題太深入私人領域，對方可能會不開心。尤其在商場上，不論交情深淺都要共事，應該避開人際交往的話題。「〇〇先生和□□先生感情是不是很好？」對社會人士來說，這類與工作無關的事情，沒有必要拿出來討論。

同樣地，「結婚了嗎？」、「有小孩嗎？」等較敏感的私事，無論對方是男生或女生，都不能因為好奇就隨便提問。如果真的有詢問的必要，必須謹慎地把理由交代清楚，例如：「因為這次的專題打算從家庭主婦的觀點切入，請問能否聽聽您的意見？」接著由我方先開啟話題：「替孩子準備便當真是辛苦呢！」以閒聊的方式慢慢地引導對方把想法說出來，是一個很不錯的方法。

初次見面的人，通常會輕鬆地聊起與興趣相關的話題。不過，面對的如果是長期忙於工作的中壯年，多半擁有特定喜好的人不多；十個人當中，清楚了解自己興趣的人或許只有兩、三個。若貿然詢問嗜好或興趣，反而難以開展話題。此時，不如以「休假的時候都在做什麼呢？」的方式提問，比較自然。

第六章

掌握八大聊天原則，一開口就打動人心

34

「說得沒錯！」是畫龍點睛的關鍵句

有人善於交際應對，但也有不擅言辭的人。

我建議不擅言辭的人可以從「眼神接觸」開始做起，接著練習用比較誇張的方式，例如「原來如此啊！」回應。待逐漸適應後，再嘗試說些畫龍點睛的關鍵句，便能讓對談延續，深入話題。

將喜怒哀樂融入話語之中

眼神接觸，是良好談話的首要步驟。假如眼神飄忽不定，「他是不是對我說的話沒興趣？」對方會失去訴說的意願。傾聽時看著對方的眼睛，將浮現的喜怒哀樂等情緒用聲音「什麼！」或「哇」表現出來。

不過，並非只要出聲即可，搭配臉部表情，展現真正的情緒才是關鍵。

比起毫無表情地說出「真的呀」，一邊做出誇張反應，一邊說「真的呢！」比較能傳達出情感。同樣一句話，若能展現「我真的能體會這種感覺！」的想法，或融入「真是不容易啊！」的心情，效果會大不相同。

與人談話時，盡量透過言語和表情，把內心的激動情緒表現出來吧！

用「你怎麼辦到的？」取悅對方

然而，要是一直重複機械式的回答：「真的呢！」、「原來如此！」會讓人產生這種想法：「大概是對話題沒興趣，基於禮貌才不得不繼續聽的吧。」此時，「真的耶，你怎麼辦到的啊？」適時補上一個關鍵句，就能讓整段對話延續，並且更加深入。

舉例來說，職場的前輩對你說：「之前部長交代的簡報資料，終於完成了！」看到他鬆一口氣的模樣，若能這樣回答：「那真是太好了！不過前輩你怎麼辦到的啊，這麼快就把資料準備好了，透露一下祕訣嘛！」前輩聽了一定會很開心。

此外，當有人說：「瘦身計畫成功，我這個夏天減了五公斤！」「真的？你是怎麼辦到的，怎麼可以瘦這麼多？」用反問的方式，對方的好心情會加倍。添加一句畫龍點睛的提問：「你是怎麼辦到的？」對方感覺自己得到尊敬的同時，對你的印象也會加分！

善於交際者，都有一顆旺盛的好奇心

該怎麼做才能說出適當的關鍵句？重點在於對話題抱持「想進一步了解」的興趣。一般來說，善於交際應對的人都擁有一顆旺盛的好奇心。

此外，「上進心」也是一個要點。延續上述的例子，你必須「想和前輩一樣提早準備好資料」、「想要減重」，對話題感興趣，想要親身嘗試對方的做法，才說得出畫龍點睛的關鍵句。

不過，原本身型就很瘦的人，聽到減肥話題還說「我也想試試看」，會顯得很不自然。因此，唯有認清狀況，掌握好深入話題的時間點，對話才會自然流暢，否則「刻意說出關鍵語句」反而會讓人覺得你在逢迎拍馬屁。

想像自己遇到相同狀況的模樣

關鍵語句不一定都是疑問句。

稍微站在對方的立場想像一下，如果這件事「感覺很辛苦」，就可以回答：「確實如此呢！真的很不容易呢！」這樣的回應會讓對方覺得「這個人真的有在聽我說話」或「這個人是真的了解我的心情」。

想像自己遇到相同狀況的模樣，便能做出適當的回應。假如沒有為對方著想，只是一味地表達自己，例如：「客戶那邊把企畫案延遲了……」有人這麼說時，你回應「真的哦，還好我這邊的客戶沒有這樣。」這種自我中心的回答方式，可能會讓談話氣氛一下子凍結起來。

想成為說話高手，想像力是必備的。進入對方的思緒，融入對方的語句之中，想像如果交換立場，自己會有什麼反應，就能找到畫龍點睛的關鍵語句。熟練各種能加深拓廣話題的應對技巧，成為一個讓人想不斷找你聊天的「說話大師」，請以此為目標繼續努力吧！

說出「關鍵句」讓話題超展開

✖

「原來如此。」

重複機械式的回答會讓人感到無趣。因此，要適時站在對方的立場著想，將自己的感情融入言語中；最好再補充一個關鍵句。

✔

「正如您所說呢！真是不簡單呢！」、「你怎麼辦到的？」

畫龍點睛的關鍵句，能使話題更加深入。傾聽的同時，想像對方的感受，明確傳達浮上心頭的情感，對話自然會開展出去。

35 以「也就是說」歸納重點

對話的過程中，如果能在傾聽的同時歸納出對方的重點，在適當時機補上一句：「也就是說……」會讓氣氛更加活絡。如此一來，對方會產生「這個人是真的聽進去了」或「沒錯沒錯，這就是我想表達的」的想法，因而感到非常開心。

歸納結論能開拓話題

我很常收看阿川佐和子老師（編按：日本知名女藝人）主持的「佐和子的早晨」（日本 TBS 電視台）這個節目。這是一個談話性節目，我發現佐和子老師會針對來賓的談話內容歸納出自己的結論。

舉例來說，某位來賓談到自己的母親，原本彼此相處不融洽，後來以某件事為契機，終於打破隔閡和好。此時，佐和子老師「碰！」的一下，得出了「也就是說，你確實感受到母親的心意了呢！」的結論。

歸納重點能適時為對話分段，同時讓對方了解自己有「專心聆聽」，使後續的對談更加熱絡。

曾經有一次，我和編輯聊到孩子的考試成績，我對他說：「這個孩子考試都是勉勉強強才及格。」編輯回答：「這樣才是真的有效率呀！」我在心中不禁發出讚嘆。一句富含機智的話，不僅讓我「噗哧」笑了出來，也顧及了孩子的面子。

交際應對時，不要只用「原來是這樣啊」回答，歸納出一句簡單的結論，適時穿插，談話便能活絡許多。

想像對方的感受，講出自身想法

仔細傾聽，讓自己進入對方的話語之中，貼近話題中每一位提及人物的感受，想像「自己在這種情形下，會產生何種想法？」並試著用一句話歸納出重點，就是最棒的回應。

也就是說，「說出發自內心的感受」是得出關鍵結論的重點。

曾經有一次，我擔任某家公司研習課程的講師，有位女性員工分享了一件事：她每天早上都會幫丈夫、孩子和自己做便當。有一天她在公司打開飯盒時，發現米飯上頭的海苔裁切成了愛心的形狀，應該是丈夫趁她不注意時弄的。聽到這段話時，我的腦中自然浮現了丈夫幫妻子把海苔剪成愛心的畫面，因此得出：「這就是愛啊！」的結論。

這類結論沒有正確答案，只要在自己的理解範圍內，想像「這種情況下可能的反應」，把心得說出來即可。不一定只能表達同理，有時候用綜觀全局的角度，做出理性的結論也很不錯。

貼近對方的感受，說出自己的想法，會讓人感受到「自己被全心全意傾聽」。不僅留下好印象，談話氛圍也會更融洽。

以「總結」製造錦上添花的效果

✖

「原來是這樣啊。」

「原來是這樣啊」也是不錯的應對方法，但如果想讓談話氣氛進一步熱絡起來，仔細聆聽，逐一找出要點歸納結論，更加分。

✔

「也就是說，是○○○囉！」

融入話語之中，感受對方的想法，觀覽整段對談，用一句話歸納出重點。尋找適當空檔把總結穿插進去，製造錦上添花的效果。

36 不要自顧自地講不停

真正擅長溝通的人，並非只懂得表達自己，而是能讓對方侃侃而談。一對一的談話中，讓對方保有六到七成的發言時間，不僅滿足度高，也會留下「跟這個人講話很舒服」的好印象。

進入朝日電視台工作後，我學到了所謂的「畫框論」。這是曾擔任第一屆紅白歌唱大賽主持人藤倉修一先生提出的想法，他說：「好的主持人，是好的畫框。」這句話在主持界成了人人必知的名言，一直流傳到今天。

扮演「畫框」襯托對方

演員和來賓是「畫」，主持人是為了彰顯這些人風采的「畫框」。如果扮演木製畫框效果比較好，就得變成木頭畫框；如果需要豪華的金色畫框來襯托，就得變成豪華的金色畫框。換句話說，主持人要能應和對方，做出適切提問，並根據氣氛和內容的不同調整應對方式。

主持人是為了彰顯來賓而存在的，若以搗麻糬做比喻，主持人不是那個持杵搗麻糬的人，而是在旁邊適時把麻糬翻面的角色。

談話時，多數人都渴望被傾聽、被了解；而我認為真正擅長溝通的人，是懂得開啟話題，製造愉悅氛圍使對方侃侃而談的人。例如，初次見面的A和B進行了一場對話，A發言比例佔全部的六～七成，B佔三～四成，哪個人滿足感會比較高呢？當然是A，滿足的A會覺得「B真是一個好人！」、「還想跟B見面，一起聊聊天。」

其實，我也有過很多失敗的對談經驗，也曾忘我地自顧自說話，事後才後悔「啊！我說太多話了！」也曾聊錯話題，例如對沒有生小孩的人大談媽媽經，或者對還沒結婚的人吐苦水「結婚真是太辛苦了！」後來才後悔自己講得太多了：「要是沒說這種破壞年輕人夢想的話就好了。」

人在過度興奮的時候，很容易講出多餘的話，請大家務必留意。

減少以「我」為主詞的發言

以「我」做為主詞，第一人稱觀點的說話方式，多少帶有一點自我中心的感覺。有些人喜歡說「我個人認為～」，這種開頭更像在強調自我的主觀想法，商場上要盡量避免使用。

相反地，用「○○先生您最近還好嗎？」比較好。**善於溝通的人會把重點放在對方身上，藉此引出對方感興趣的話題**。也就是說，製造愉快對談的第一步，是願意深入理解對方，但不強求對方了解自己。若沒有抱持「想多了解一點」、「想更深入一點」的心態，就沒辦法提出有品質的問題。

其次，「最近看了○○這部電影，覺得很有趣。」這種說法，跟以自己為主詞發言差不多。儘管心中已經有想法了，仍然可以用提問的方式開頭，例如：「最近有看什麼有趣的電影嗎？」透過提問找到線索，進而開啟話題，是一項重要的溝通技巧。

記住，重點就是單純抱持「想了解彼此有什麼共同話題」的想法，把自己當作聽眾，交談自然會流暢起來。

回問對方相同的問題

此外，為了避免自己一直發言，別人問你問題時，要以同樣的問題回問對方。舉例來說，人家問你「有幾個兄弟姊妹？」時，自己的事不用講太多，但記得回問「那〇〇〇你呢？」依照我的經驗，提出問題代表對方有意願談論此一主題，因此回問多半不會造成困擾。換句話說，對方提出某個問題，可以理解成「我自己也想聊聊這方面的事」，因此一般來說，以此當作話題不會有問題。再舉例說明。

「你喜歡看職棒嗎？」會提出這個問題，代表發問者自己應該有支持的棒球隊伍。面對這個問題時，如果只顧著講自己的感想：「我喜歡〇〇〇，前一陣子才剛去看比賽⋯⋯」會讓對方難以招架。

請記得，對話是有來有往的傳接球，回問對方同樣的問題，才能更進一步了解彼此。

善用以對方為「主詞」的疑問句

✖

「我覺得……」

只顧著自己發言，會讓人無法享受聊天的樂趣。提出對方能夠輕鬆回應的問題，讓對話像傳接球一樣，有來有往。

✔

「○○○，你有什麼想法呢？」

把對方放在主詞的位置，藉由「最近看了什麼有趣的電影？」或「有沒有想去的店？」等提問開啟一段對話。稱職扮演好畫框的角色襯托對方，就能贏得好人緣。

37 別用「可是」打斷他人發言

對話中，如果控制不住發言的欲望，很多人會用「可是」、「儘管如此」、「反之」打斷對方，這種行為會讓人留下「強迫別人接受自己想法」的印象。把這些轉折用語當做口頭禪的話，更會造成對方難以繼續談話。

不經意講出「可是」的三種狀況

老實說，我自己也曾經用轉折用語打斷他人的發言。

首先，這種狀況可能發生在別人話說到一半時，你興起了一些念頭，自顧自反覆思索，最後又否定自己的想法。例如，你和對方聊起暑假的安排，腦中浮現了旅行的計畫，一度興起出國的想法，卻又自己打消念頭。最後只脫口說出一句：「可是，要旅行的話，還是國內旅遊比較方便吧？」突然插入「可是」打斷話題，會讓對方覺得莫名其妙。

另一種情況，發生在「想說服對方，卻沒講出真心話」的時候。例如，你和朋友約好看電影，正在討論會合的時間，對方提議：「約十點吧！」但你心中這麼想：「前一天要應酬，早上起床來要沖澡、吹頭髮，十點有點太早了。」真正的想法沒說口，反而回答：「可是，電影十點五十分才開始，會不會約得太早了？」這裡的「可是」帶出了後續的場面話，其實背後隱含著「延後約定時間不是我的錯」的想法。

還有另一種情況：「可是啊，事實就是如此吧！」並非持相反意見想反駁對方，單純因為「接下來由我來講吧」藉此打斷他人的話。此時的「可是」是用來搶奪發言權。

打斷發言會造成氣氛緊張

除了「可是」之外，「反之」、「儘管如此」、「說起來」等簡短的詞彙，也都是插嘴「強奪發言權」時常用的詞彙。

A：「客戶那邊好像換了一個新的負責人，有點擔心，不知道是怎……」

B：「說起來，總不會比現在這一個還要差吧？」

感覺上兩人的對話是有關聯的，但其實B並沒有仔細聽A的發言，只是擅自做出臆測。在這種情況下，B接著可能會開始自我中心地發表看法。

如果這只是兩個年輕同事之間的閒談，或許對方不會太在意。然而，若對方是長輩或上司，可能會認為「你現在是在反駁我嗎？」，因而產生防備心，進而產生反感。

無論對方說什麼，務必先好好聽完，表示自己「了解」之後，再發表想法，例如「以我的經驗來說……」，比起打斷對方的發言，這樣的做法較能讓對方接受，使談話順利開展下去。

不以轉折用語強奪發言權

✖

「可是……」

轉折用語的功能原本就是傳達不同想法；但若打斷他人發言，會有種強迫對方接受自己想法的感覺。

✔

「我懂了，至於……」

確實聽完對方的話，藉由告知「了解」帶出自己的想法。這麼做能使對話順利延續，對方也會較容易接納我方意見。

38

避免使用語意不明的詞彙

指導說話技巧時，我會跟學生強調「用對方容易理解的話」來描述事件。「這個夏天，我做了好多事。」這裡的「好多事」到底是好事還是壞事？悲傷的事或者開心的事？如果無法讓聽者確實理解，等於什麼都沒有說。

具體描述，才能讓對方感同身受

經驗分享時，如果想讓對方產生共鳴，首先要把細節具體交代清楚。「這個暑假我去泡了溫泉。」泡溫泉？是靠近海邊的熱海，還是類似鬼怒川的山中溫泉？這種模糊不清的說法無法和對方產生連結。此外，同行者是誰？情人？還是家人？沒有告知「同行者」的話，會讓對方不知道該不該提問，製造多餘的疑慮。

為此，聊天時最好把「做了什麼事」、「為什麼感到快樂」也一起分享出來。如果只說「潛水很好玩」，沒有潛水經驗的人根本無從想像，只能回答「哇，是哦！」就結束話題了。「潛水的時候可以看到桌形珊瑚，還有無數色彩繽紛的熱帶魚，就像身處水族館一樣美麗。」這樣的分享就能讓聽者感同身受，產生共鳴。

對談是一種雙方共同編織故事的行為。自顧自發表看法，卻沒有確實傳達的話，會讓對方覺得沉重又無趣。分享經驗時，最好有互動，彼此交換資訊；事實上，讓聽者同樂是說話者的責任，也是愉快聊天的關鍵。

別說「再給我一些時間」，而是具體的分鐘數

在職場上，能夠具體描述事件是很重要的能力。尤其是時間，能準確掌握時間，工作就能順利推行，也會讓人對你留下「很有能力」的印象。

如果對方是日理萬機的大忙人，開會報告進度時，不要使用「一些時間」、「稍等」等語意不明的詞，把具體的數字說出來，讓對方能夠儘速了

解狀況，非常重要。

你是否遇過以下狀況：「非常抱歉，能否給我一些時間？」用這種方式提出要求，而對方回答：「現在在忙，等一下再說。」為什麼呢？因為對方不知道「一些時間」是指三十分鐘？還是一小時？這種說法，會讓忙碌的人有所防備。

「不好意思！能否給我三分鐘的時間？」、「有件關於〇〇的事要向您報告，只需要三分鐘，請問現在是合適的時間嗎？」如此一來，對方可能會覺得「既然只要三分鐘」，就說吧！

順道一提，被點名發表意見時，也能先說一句：「麻煩各位把耳朵借給我一分鐘」，藉此抓住聽者的注意力。

說明細節能讓對方感同身受

「暑假做了好多事呢！」

這種語帶保留、含糊不清的說法，不僅無法延續話題，還會使對方因不知道能否開口詢問細節而感到困擾。經驗分享時最好用具體一點的話語說明，比較好。

「暑假和家人到沖繩去潛水，玩得很開心！」

確切描述「地點」、「陪同者」和「做了什麼」，可以傳達出你的快樂，讓對方就像一同參與了活動一樣，感同身受。

39 不自吹自擂

「沒有消息就是好消息」是人類的基本心理模式；因此，好消息通常難以引起他人的興趣。同理可證，在大部分情況中，一個人如果不斷自誇，也很難讓聽者保持興趣，進而導致對談無趣或不順暢。

願意聽你自誇的，多半存在利害關係

「我通過升等考試了」、「我家孩子考進了第一志願」、「我的老公升職了」。面對這種誇耀自我、朋友或家人的話題，對方只能回答「真的嗎？恭喜」；會想要一直聽人自吹自擂的人非常少。

喜歡自誇的人和不會自誇的人，哪種人比較討喜呢？我想應該是不自誇的人比較討喜。一個明智的人應該懂得話說到何種程度，才能讓對方接受，而不會一味地自吹自擂。

業務員願意傾聽你說「我的孩子實在很優秀！」、「我家老公真是一級棒！」這類話語，多半是因為抱著其他的期待，例如想賣商品、簽合約等有利可圖的目的。因此，遇到一位總是願意聽你自誇的人時，必須判斷一下對方是真誠的，還是別有居心。

以「喜歡」和「經驗」弱化自大感

在職場上，展現自我是一件必要的事情，但要適當斟酌用詞；在提升自己評價的同時，記住不要讓他人感受到自大的態度。

例如，用「我很喜歡英文」取代「我對英文很拿手」，只是換了一個詞「喜歡」，就能消去句子中的自大感。此外，「不知為何，只有對英文比較拿手。」這種謙虛的說法也很合適。

說明「經驗」也是另一種做法。相較於「○○公司的負責人很看重我」，用「曾跟○○公司的負責人有過幾次合作」是比較理想的說法，在言談中不經意地透露自己有過相關的經驗，讓對方知道自己在相關領域的評價如何，是一種巧妙換句話說的自我展現手法。

表達「忙碌」時要說明原因

向他人暗示自己非常忙碌的時候，即使說話者無意，卻很容易被聽者當成在誇耀自己。

「實在沒時間休息」、「昨晚直到〇點才睡覺」、「工作到天亮」。說話者純粹是在發牢騷，卻容易被理解成「我這個人是日理萬機的」或者「我的工作接都接不完」。

我認為，不對同事以外的人發此類牢騷才是有智慧的人。若真要說，儘可能補充說明理由，例如：「有時工作量會突然變多」、「付款日快到了」等，以削弱語意中的自大感。

避免用自大的語氣，展現自我

「做菜我很拿手。」

聽起來像是在炫耀自己的能力，若真要使用「拿手」這個詞彙，可以說：「大概是從母親身上繼承的天份吧！莫名就很拿手。」謙虛可以減弱自大的感覺。

「我喜歡做菜。」

把「拿手」改成「喜歡」就不會被認為是在炫耀。又或者，以「經驗」做解釋也是很自然的表現方法，例如：「因為我學生時代曾經在餐廳打工。」

40

過度自嘲，會讓談話中斷

有諺語云：「飽滿的稻穗會低頭。」意指越是優秀的人，越懂得謙虛。不過，過度卑微謙虛，對方也會難以應對，使得談話窒礙難行，氣氛因而變得尷尬。

「自嘲」要控制在能讓對方愉快的範圍內

「你的能力比我好多了，一定很快就會晉升了。」

很多人會像這樣藉由貶低自己來抬舉別人，但要拿捏自嘲的平衡並不容易。若過度卑微，會讓對方不得不回答：「沒有這回事啦！」如此，之後的話題就很難繼續下去。

自嘲的關鍵，在於把程度控制在「能讓身邊之人覺得有趣」的範圍內。

在適當的時機開朗地把自嘲的話題當作收尾，會有不錯的效果。反之，如果過度深入，對方會不知道如何回應。為此，拿捏好其中的平衡非常重要。

最近我在電視上看到笑福亭鶴瓶先生（編按：日本知名落語家、搞笑藝人），聊起過去到東京闖蕩的失敗經驗，印象非常深刻，是一個關於「自嘲」的絕佳案例。

原本活躍於大阪地區的鶴瓶先生，因為在主持界爆紅而到東京闖蕩。當時他手上有三檔固定節目。不過，這幾個節目正好都跟北野武的節目在同時段對打，最後被全數殲滅，失業的鶴瓶先生只好離開東京回到大阪。

某次，鶴瓶先生和朋友一起搭電車時，這麼對朋友說：「本來想到東京試試看的，結果自取滅亡啊！」他們的頭頂正上方，正好有廣告吊牌寫著：「鶴瓶，東京闖蕩失敗！」朋友對鶴瓶先生說：「快點，看上面，快看！」讓他嚇了一跳。

當時，在東京沒有人敢對鶴瓶先生提到失敗的事，回到大阪卻逢人就被提起。傷口上不斷被灑鹽，鶴瓶先生卻一派爽快地說：「大阪就是這麼療癒啊！」開朗地表示正是這樣的大阪救了他，讓他恢復活力。我覺得這就是「自嘲」的最佳模範。

發話前，先考慮對方能否應答

事實上，自嘲是為了緩和氣氛，所以要控制在彼此都能「一笑置之」的程度。

因此，自嘲對象是誰就非常重要。回想與對方的相處經驗，想像對方可能會有的反應，再決定話題該深入到什麼程度。如果沒辦法做到這份考量，只顧著自說自話，大概很難稱得上是對方的「至親好友」吧！所以請記得，無時無刻展露內心的情感，不見得是適當的行為。

過於卑微，會帶給他人困擾

「你好優秀，相較之下我真是……」

太過卑微的發言對方會難以回應。想藉著貶低自己來彰顯他人時，要顧及對方能否順暢應答，不要過猶不及。

「你好優秀，怎麼辦到的啊？」

談話的目的是要稱讚對方，而不是表達謙虛，過度卑微反而會給對方帶來困擾。改用這樣的稱讚不僅讓對方很有面子，談話也能順利延續。

41 適時轉換話題，躲避攻擊

遇到話語中夾帶嫉妒、惡意或自負的態度時，要懂得適時閃避。太在乎這些話，可能會對自己造成傷害，最好儘早轉移話題。因此，懂得瞬間找出脫身之道的機敏說話技巧，非常重要。

將矛頭從自己身上引開

「部長對你疼愛有加，真好！」對方突然脫口而出此類討人厭的話時，該怎麼回擊呢？假如被對方激怒，講出：「你說這句話是什麼意思？」很可能一言不合就開始發生爭執。

「是嗎？倒是我前陣子才剛聽部長稱讚〇〇〇工作認真呢！」

提出另一個第三者，將妒意和惡意的矛頭從自己身上引開，藉此把話題轉移到部長和〇〇〇之間。

「最近工作狀態不錯唷，真是令人羨慕呢！」對方這麼說時，可以回答：「真要說的話，〇〇先生最近才是真的很活躍呢！」或者「我這樣哪算什麼，〇〇〇才是厲害，前陣子還得獎了！」**提出表現更優秀的人，藉此把針對自己的話題引開**。

又或者，把失敗的經驗拿出來自嘲，也是個不錯的方法：「其實啊，我前一陣子才剛犯錯，惹得主管很生氣呢！」

此外，自己負責的商品大賣，業績一飛沖天時，面對同事的讚賞，一個討喜的人會如此應對：「都是因為前輩的指導才有今天」、「剛好最近的運氣還不錯啦」，保持態度謙虛，不獨自居功，才能讓身邊的人留下好印象。

找出能轉移話題的關鍵詞

談話的對象開始自吹自擂、發牢騷，或者講人壞話時，一定要想辦法快速轉換話題到另一件事情上。

「說起來，剛剛提到那個〇〇〇讓我想到……」、「說起來剛剛提到的那家店我沒去過，評價如何啊？」從對方語句中，尋找與原來主題無關的關鍵詞，裝作不經意地把話題帶開；「人」或「商店」會是比較容易扯開話題的對象。

若是真的難以找到關鍵詞，鼓起勇氣強行轉移也是一種技巧。「哎呀！突然想到，你知道接下來部門裡的工作是怎麼安排的嗎？」類似這樣，用靈光一閃的方式轉移話題，也可以。

面對真心的讚美，當然要說「謝謝你，我很開心。」接納對方的好意，但若狀況並非如此，最好儘快轉移話題。

用傳接球來做比喻，對方投出你無法接應的壞球時，揮棒將它擊出，藉由重丟一顆新的球，來擺脫討人厭的話題吧！只要鍛鍊好應對壞球的反射神經，與人聊天將不再有壓力，加油！

反擊忌妒和惡意的巧妙回話術

「沒有啦，其實……這……」（被他人調侃業績好時）

「對方說這種話究竟有什麼意圖呢？」太在意的話，不僅無法好好回應，接下來的談話還會一直感到很困擾。因此，面對他人惡意發言時，要冷靜下來並儘早察覺，快速反擊。

「說到這個，部長對〇〇〇才是讚譽有加呢！」

把話題轉移到另一個更厲害的人身上，藉此將矛頭引開；或者，將成果歸功給周遭的人也是一個好方法，例如：「部門同事給我很大的幫助，都是托他們的福。」

Column 6

語言敏銳度能培養，但無法強求

我想會拿起這本書的人，都有著「希望能講出體貼對方的話」的溫柔，以及「不擅長與人溝通，因此希望可以進步」的學習心。能注意到這個部分，表示各位對語言與談話氣氛的敏銳度，比一般人高，我認這是很棒的特質，希望各位好好珍惜自己的感性。但在此，還有一件事想提醒大家。

我們無法強求身邊的人，與你擁有一樣的說話敏銳度。你是否曾出現以下想法：「根據常理，應該要這樣回答才對吧？」或者「怎麼會說出這種話呢？」因他人言談產生焦慮與困惑，代表你是一個心思細膩的人。

前面提過了很多次，一樣米養百樣人，每個人的想法和說話方式都不同。不同情境中，確實存在比較能討人喜歡的說話方式，但沒有所謂的「唯一正解」。尊重對方，不把自己的想法強加於人，感受彼此之間的差異，其實也是一件很有趣的事；或許，這也是說話的最大樂趣。

儘管我們自身對遣詞用字非常敏銳，但不能以相同標準強求別人。這一點非常重要，請各位一定要時刻提醒自己。

後記

永遠不要放棄「溝通」

透過這本書，原本近乎要放棄溝通的你，是否有在書中找到能幫助你改進過往說話方式的方法呢？如果有，請在「心有戚戚焉」的頁面上，貼上便利貼或標籤做記號吧！每當人際關係又卡關或是「為什麼對方會有這種反應？」、「為什麼自己的想法沒能確實傳達？」等問題出現時，再翻閱這本書，若能再次帶給各位幫助，將會是我最大的榮幸。

最後，我想再給各位一個建議。發生溝通不良的狀況時，不要過於鑽牛角尖。我回想過往的經驗，很多時候都是自己的想法過於負面，想太多了，其實對方並沒有惡意。與此相對，發生溝通不良的狀況時，我們自己會知道是否有說明不足的部分，是否某件事很重要，卻沒有用合適的語彙表達給對方了解。無論如何，找出確切原因，不要放棄，試著用簡單的方式表達想法。

希望各位能夠持續努力去做這件事。

然而，儘管指導說話技巧是我的職業，但我在生活中，溝通不良的狀況仍會接二連三地發生。

「為什麼對方無法理解呢？」、「為什麼對方會這樣子理解？」我至今還是經常出現這類疑問。心中的想法無法確實傳遞，誤解因而產生，我想此後還是會不斷出現同樣的狀況。因此，唯有持續努力，找到對方容易理解的表達方式，這才是一生的課題。

用心琢磨遣詞用字，讓生活更添樂趣

身邊的人經常跟我說「你太在意別人了」、「你想太多了」。但我始終認為，其實每一個人都是在乎這些事情的，只是不好意思表達而已。

我出生到這個世界上已經超過半個世紀了，終於能理解每個人都是獨特的，每個人都擁有自己的思考和行動方式。有些時候，無論再怎麼謹慎挑選言詞，對方仍然無法聽懂你的話。認清這一點之後，在不給對方造成太大負擔的程度下，我會改用較為直接的方式告知：「我的想法是這樣，希望可以這麼做」，一點一點傳遞出自己的思維。

因為，**無論怎麼琢磨遣詞用字，我們都無法將心中的想法「完全」轉換成語言或文字。儘管如此，還是不能放棄溝通，請帶著持續嘗試的勇氣，失敗一次，就再試一次。**就算對方的反應不如預期，就算話題開展的方向與想像中不同，只要盡自己所能地表達動機和想法，對方一定會理解的！

這本書若沒有各方的協助，我不可能獨自完成。感謝「CheriRoses」公司的井垣利英先生，在這十多年來，允許我持續在公司開設溝通技巧的講座；感謝「CheriRoses」的所有同學，是你們促使我不斷精進，研究說話的技巧；感謝作家梅田梓女士，在取材和寫作方面幫了我很多忙。

此外，我要感謝我的職涯起點的朝日電視台，以及一路走來始終支持著我的家人。最後，最重要的當然是各位讀者，我由衷地向各位致上最高的敬意。假若這本書能為大家帶來更良好的溝通品質，將會是我莫大的榮幸。

一起來　0ZTK4009

贏得好人緣的「精準回話術」

6大說話技巧x40個溝通心法，不論「拒絕」或「接受」，一開口就讓人頻頻點頭、好感倍增

好かれる人が絶対しないモノの言い方

作　　者　渡邊由佳
譯　　者　謝濱安
主　　編　林子揚
編輯協力　張展瑜

總 編 輯　陳旭華 steve@bookrep.com.tw
出　　版　一起來出版／遠足文化事業股份有限公司
發　　行　遠足文化事業股份有限公司（讀書共和國出版集團）
　　　　　23141 新北市新店區民權路 108-2 號 9 樓
電　　話　02-2218-1417

封面設計　萬勝安
內頁排版　葉若蒂
法律顧問　華洋法律事務所 蘇文生律師
製版印刷　成陽印刷股份有限公司
初版一刷　2018 年 8 月
二版一刷　2023 年 11 月
定　　價　330 元
I S B N　9786267212370（平裝）
　　　　　9786267212394（EPUB）
　　　　　9786267212387（PDF）

國家圖書館出版品預行編目 (CIP) 資料

贏得好人緣的「精準回話術」/ 渡邊由佳作 ; 謝濱安譯 . -- 二版 . --
新北市 : 一起來出版 : 遠足文化發行 , 2023.11
　面；　公分 -- (一起來思 ; 9)
譯自 : 好かれる人が絶対しないモノの言い方
ISBN 978-626-7212-37-0(平裝)

1. 職場成功法 2. 人際關係 3. 溝通技巧

494.35　　　　112014436